Ulrich Knaack; Halwart Schrader (Hrsg.)

Citroën-Jahrbuch 2005

Ulrich Knaack; Halwart Schrader (Hrsg.)

Citroën-Jahrbuch 2005

FGV Verlag

Die Ermittlung der technischer Daten und die Recherche der Bildurheber erfolgten nach bestem Wissen durch die Autoren. Eventuell dennoch aufgetretene Fehler bitten wir die Leser zu entschuldigen und den Herausgebern bzw. dem Verlag zu melden.

CIP-Titelaufnahme der Deutschen Bibliothek

Knaack, Ulrich; Schrader, Halwart (Hrsg.): Citroën-Jahbuch 2005
Braunschweig 2004

ISBN 3-00-013667-3

Postfach 1908, D-38009 Braunschweig
www.fgv-verlag.de

Satz und Gestaltung: FGV-Redaktion
Druck: Media-Print, Paderborn

ISBN 3-00-013667-3

Inhalt

en avant

Am 15. Februar des Jahres 1927 wurde die „Citroën Automobil-Aktiengesellschaft“ ins Handelsregister der Stadt Köln eingetragen; die Gründung einer deutschen Dependance der Doppelwinkel-Marke war am 8. Januar des gleichen Jahres erfolgt.
Rechtzeitig zum 70. Geburtstag im Jahre 1997, also bereits im Sommer 1996, sprachen wir Herausgeber erstmals mit dem deutschen Citroën-Importeur sowie mit namhaften deutschen Buchverlagen über die Idee eines Citroën-Jahrbuchs. Man könnte, man sollte, man fand gut – doch letztlich traute sich niemand, unsere Idee zu verwirklichen. Im Jahr 2003 stellten uns dann Kollegen aus der Autorengruppe F-Kubik die entscheidende Frage: „Warum verlegt Ihr Euer geplantes Citroën-Jahrbuch denn nicht selbst?“
Genau, warum eigentlich nicht!

Vor Ihnen liegt nun der erste Band des neuen Citroën-Jahrbuchs. Alljährlich im Herbst aufgelegt, will es den Doppelwinkelfans einen abwechslungsreichen, fundierten und spannenden Mix aus diversen Themen rund um Citroën bieten. Das Citroën-Jahrbuch soll feuilletonistischer sein als ein Buch und vertiefender als eine Zeitschrift. Hier sollen auch jene Themen vorkommen, die derzeit keine deutschsprachigen Bücher füllen werden. Den Aufhänger für Artikel bilden, wie bei einem jährlichen Periodikum zu erwarten, häufig Jubiläen, doch wird im Citroën-Jahrbuch nicht sklavisch am Geburtstags-Prinzip festgehalten werden.
Das Citroën-Jahrbuch bekommen Sie übrigens auch direkt beim Verlag (www.fgv-verlag.de), wo Sie sich gleich dauerhaft für den Bezug sämtlicher künftiger Bände vormerken lassen können. Als Leser können auch Sie zum Inhalt künftiger Jahrbücher beitragen. Wenn Sie nämlich einen besonderen Citroën besitzen oder eine seltene Archivalie bzw. ein schönes Foto, auch wenn Sie eine Geschichte rund um Citroën erzählen können, freuen wir uns über Ihre Zuschrift. Willkommen ist uns auch jede anregende Kritik.
A propos: Das eigenfinanzierte Citroën-Jahrbuch entsteht ohne jegliche Beeinflussung durch die Herstellerfirma der Autos, um welche es hier namentlich geht. Die Herausgeber nehmen bewusst die zugleich liebende als auch die kritische Sichtweise ein, wie sie nur überzeugte Markenfans haben können. Viel Vergnügen bei der Lektüre und „en avant!“
Ulrich Knaack und Halwart Schrader

merci

Gabriele-Regina Thomas danken wir dafür, zum rechten Zeitpunkt die ihr eigenen scharfen aber notwendigen Fragen gestellt zu haben, auf die zu antworten uns sehr genützt hat.

Bei den Kollegen Eckhart Bartels und Rainer Manthey aus der Autorengruppe F-Kubik bedanken wir uns für das gute Vorbild, welches sie durch ihre Opel-Jahrbücher seit Jahren vorlegten.

Hans-Joachim Weise, ebenfalls ein F-Kubikler, sei gedankt für die klärenden Vorgespräche in Vertriebsfragen.

Ronald und Brigitte Beckmann von RoBri sei für erhellende Gespräche in Bezug auf Leserwünsche rund um das Thema Citroën gedankt.

Markus Schwartau ist Dank zu sagen für seine spontan erklärte und kompetente Hilfsbereitschaft beim Versand und Rechnungswesen.

Frau Hildburg Knaack danken wir für ihre finanzielle Unterstützung des Projektes.

Der Citroën Deutschland AG danken wir für Ihre ideelle Unterstützung.

Herrn Andreas Althaber und der Citroën-Commerce-Niederlassung in Hannover verdanken wir mehrere Testwagen, eine Freundlichkeit, die unbedingt hervorzuheben ist.

Autoren, Fotografen, Auskunftgebern und Helfern danken wir für ihre honorarfreien Leistungen, ohne die dieser Band nicht entstanden wäre.

Ingo Meier widmet seinen Beitrag dem leider viel zu früh verstorbenen Liedermacher Ulrich Roski. Als einziger Musiker der 68er Generation habe dieser nämlich erkannt, dass Geschichte nicht nur eine Abfolge von Klassenkämpfen, sondern auch von periodisch wiederkehrenden TÜV-Terminen ist.

Den zuvor ablehnenden Verlegern danken wir dafür, dass sie uns indirekt ermutigt haben, die Realisierung des Projektes in unsere eigenen Hände zu nehmen.

Den Citroën-Fans danken wir vorab für ihre Loyalität, zumal wir ihnen mehr Intellekt und mehr Stil als den Fahrern der einen oder anderen Automarke zutrauen, deren Namen uns entfallen sind.

Schließlich danken wir Herrn André Citroën, den Gebrüdern Michelin und der Familie Peugeot, die nacheinander dafür sorgten, dass es bis heute Citroën-Automobile gibt, welche nicht nur die Herausgeber immer wieder neu zu faszinieren vermögen.

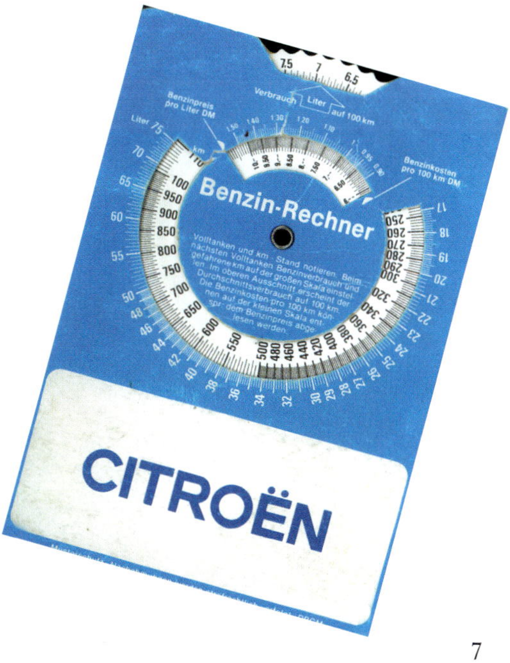

Liebe auf den ersten Blick

Von Halwart Schrader

Citroënnisten muss man nicht erklären, was ein Trèfle ist. Als ich ein solches Auto zum ersten Mal erblickte, wusste ich noch nicht, dass es in Frankreich allgemein so genannt wurde. Als Citroën-Liebhaber konnte ich mich ebenfalls noch nicht bezeichnen. Ich besaß noch nicht einmal den Führerschein, sondern war mit einem Kajak auf der Rhône unterwegs. Denn auf dem Wasser bewegte ich mich damals viel lieber als auf der Straße.

Auf dem Campingplatz gegenüber der viel besungenen Pont St. Bénézét machte ich dann die Bekanntschaft jener beiden Studenten, die aus Paris mit ihrem knallroten Trèfle, Baujahr 1924, angereist waren, – ein Fahrzeug, das mich aus verschiedenen Gründen faszinierte.

Die Episode war meine erste intensive Begegnung mit einem „alten" Auto. Im Nachkriegsdeutschland gab es eigentlich noch jede Menge davon. Aber was interessierte uns schon besonders an einem Ford Eifel oder einem klapprigen Dixi? Dieser kleine rote Citroën dagegen war etwas ganz anderes. Erstens entsprach er in seiner Bauart genau dem Muster eines Autos, wie es mir vor-

Zur Erfüllung seines Jugendtraumes lag vor Halwart Schrader ein langer Weg bis zum ersehnten C3. Heute schämt sich der damalige Eigner für die Weißwandreifen des Vorbesitzers, damals ein „Muss".

schwebte, sollte ich mir je eins zulegen können: dreisitzig, hochbordig, mit Trittbrettern, massivem Kühler, steiler Windschutzscheibe, mit einem Motor, der wie ein mechainsches Spielzeug aussah, mit einer Karosserie, die nicht mehr als das Minimum eines automobilen Bikini ausmachte und mit einem blattgefederten Chassis, das Geländetauglichkeit verhieß. Zum anderen aber, und das war für meine Zuneigung ebenso ausschlaggebend, wies das pummelige Vehikel der Pariser Burschen ein Gestell auf, an dessen Gesims sich beiderseits Zeltbahnen befanden, welche, abends heruntergerollt, eine Schlafhütte einschließlich Garage ergaben. Und das Rohrgestell war stabil genug, zwei Kanus zu transportieren!
Eine solch geniale Konstruktion in Verbindung mit einem sympathischen Auto-Veteranen beeindruckte mich sehr. Jetzt hielt ich meine Augen offen und stellte fest, dass es im Frankreich der frühen Fünfziger Jahre noch viele der betagten Citroën gab, vor allem in ländlichen Regionen. Vom Wasser aus konnte man natürlich nicht viele Autos sehen, und wenn, dann waren es meist Renault 4 CV, Traction Avant oder Peugeot 203.
Den Gedanken an ein Trèfle mit den Jahren weiter verfolgend (auch, als ich nacheinander bereits einen Opel P4 und einen DKW Meisterklasse malträtiert hatte), hielt ich auf den Straßen daheim in Deutschland ständig Ausschau nach einem solchen Auto. Ich lebte damals in Hamburg, und die Chancen, ausgerechnet auf den Gebrauchtwagenplätzen der prosperierenden Hansestadt einem 35 Jahre alten Citroën zu begegnen, standen wohl Zehntausend zu Eins.
Doch genau diese „Eins" wartete eines Tages auf mich an einer Shell-Tankstelle an der Bramfelder Chaussee. Das Auto mit Pariser Kennzeichen habe ein junger Mann vor mehreren Monaten mit Motorschaden hier abgestellt, sagte mir der Tankstellenpächter. Er wäre es gerne los, je eher, desto lieber, aber eine Standgebühr von 150 Mark sei fällig. Und er gab mir einen Zettel mit der Adresse des Besitzers, der sich seit der Abstellung nicht mehr gerührt habe. Eine Telefonnummer stand leider nicht drauf, aber ein teures Ferngespräch ins Ausland hätte ich mir damals auch gar nicht erlauben können.
Ich begann zu rechnen: 150 Mark – das entsprach einem Drittel meines Monatsgehalts. Und die Reparatur des Motors, dessen Defekt noch gar nicht analysiert war (Kolbenfresser? Lagerschaden?), die würde sicher 1000 Mark oder sogar mehr verschlingen. Und zu verzollen wäre der Wagen ja auch noch. Ich schrieb dem mir unbekannten Trèfle-Besitzer, dass ich mich seines Wagens ja gern erbarmen würde, sofern er ihn sehr, sehr preisgünstig herzugeben bereit wäre.
Die Antwort kam postwendend. Nein, er wolle mit dem Auto nichts mehr am Halse haben, er sei bereit, es mir völlig gratis überlassen, und die Carte Grise und das noch gültige Carnet lege er gleich bei. Er sei vor längerer Zeit von einer Reise nach Dänemark zurück nach Frankreich in Hamburg „gestrandet" – und im Übrigen habe der Wagen nicht nur einen Motorschaden, sondern auch eine defekte Hinterachse, eine ausgeschlagene Lenkung, einen leckenden Tank und einen nicht funktionierenden Anlasser. Darauf wolle er mich der Fairness halber aufmerksam machen. Bonne chance!
Die Konsultation eines Kfz-Meisters von der Firma Johann Heinrich (die Stunde

In der Garage von Roger Sceaux stand auch dieser Trèfle aus dem Département Marne

bezahlte ich mit 22 Mark) ergab eine ernüchternde Bilanz. Der Fachmann veranschlagte eine Investition in Höhe von mindestens 2800 Mark, ohne Aufwendungen für Zoll und TÜV, sollte ich mich dieses doch etwas hoffnungslosen Falles annehmen wollen. Wohlgemerkt: Für 3750 Mark bekam man 1957 einen nagelneuen Volkswagen-Käfer!
Schweren Herzens beschloss ich, meinem DKW (der hatte mich ein halbes Jahr zuvor 250 Mark, TÜV-abgenommen, gekostet) treu zu bleiben, wollte dem Trèfle gleichwohl die wohlverdiente Chance auf Fürsorge verschaffen. Ich gab im Hamburger Abendblatt für 5 Mark eine entsprechende Kleinanzeige auf, und als sich Helmut Rahtjen vom ADAC meldete und großes Interesse bekundete, war mein seelisches Gleichgewicht wieder hergestellt. „Mein" Trèfle kam in die richtigen Hände. Als Beinahe-Besitzer meines

kleinen Traumautos hatte sich seither jedoch die fixe Idee in mir festgesetzt, es eines Tages doch noch einmal zu versuchen.
Eines Tages: Das entpuppte sich als vier Jahre und einige Gehaltsstufen später. Ich schrieb meinem Kollegen Paul Niedermann in Paris einen Brief und bat ihn, für mich gelegentlich nach einem Trèfle Ausschau zu halten. Nichts leichter als das, antwortete Herr Niedermann: Bei meinem nächsten Besuch würde er mich gern mit Roger Sceaux in der Rue Doudeauville bekannt machen, einem ehemaligen, jetzt invaliden Motorrad-Rennfahrer, der besäße von diesen Autos eine ganze Halle voll.
Um es kurz zu machen: In der alten Fabrikhalle auf einem Werksgelände am Ufer der Marne standen dicht neben- und übereinander gestapelt sowie ineinandergeschachtelt wohl dreißig Trèfle. Nur war

Trèfle soweit das Auge reichte, doch keiner komplett: Ein Pariser Modell in der paradiesischen Halle

nicht ein einziges Fahrzeug komplett, jedes entbehrte wesentlicher Bestandteile. Zehn Stück hätte ich kaufen, entknäueln, abtransportieren oder ausschlachten können und die brauchbaren Teile zu einem Wagen zusammensetzen sowie neun Wracks anschließend entsorgen müssen.

Als Teilelager war die Sammlung eine wahre Fundgrube. Ich gab die Adresse an Helmut Rathjen weiter, der sich jedoch längst mit Jean-Paul Boutet in Nogent-le-Rotrou in Verbindung gesetzt und dort alles erhalten hatte, was er für die Instandsetzung „meines" Trèfle brauchte. Boutets Adresse war in Deutschland nur wenigen Insidern bekannt – ein echter Geheimtipp!

Der Trèfle-Traum verflog für eine Weile. Mein Interesse an alten Autos hatte sich verlagert: Es galt nun englischen Sportwagen und noblen Horch-Cabriolets. Aber überzeugter Citroënnist war ich dennoch geworden. Ich besaß nämlich auch einen 15-Six, Baujahr 1950. Paul Niedermann hatte ihn mir verschafft, aus Erstbesitz und mit nicht mehr als 68.000 Kilometern auf dem Tacho.

Und dann wurde ich schließlich doch noch Besitzer eines Trèfle – nach einer Begegnung, die dem Wiedersehen mit einer heißen Jugendliebe glich.

Es geschah im Vorfrühling des Jahres 1970, als ich, vom Genfer Salon nach München unterwegs, an einer Tankstelle in Romanshorn, auf der schweizerischen Bodenseeseite, Halt machte. Die „Garage Schmiedstube Hans Müller" war einst eine der ersten Vertretungen der Marke Citroën in der Schweiz gewesen, hatte während der Kriegszeit Traction-Avant-Limousinen zu Ackerschleppern umgebaut und beschränkte sich jetzt auf das Durchführen von Reparaturen. All dieses erfuhr ich auf meine Frage, warum denn auf dem Vordach der Tankstelle wohl der Kühler eines Trèfle throne.

Der Seniorchef fragte mich, ob ich den Rest des Autos auch sehen wollte. Und dann zeigte er ihn mir, ohne meine Antwort abgewartet zu haben. Der kleine Citroën, ein Cabriolet mit versenkbaren

Auch Träume brauchen Garagen. In Unterhaching bei München war Halwart Schraders untergebracht

Seitenscheiben, stand kühlerlos in einer Remise. Bunt war er schon, rotbraun mit schwarzen Kotflügeln sowie weiß bemalten Reifen, aber ansonsten komplett und in gutem Zustand. Er schien wie Dornröschen auf einen Prinzen zu warten, der ihn wachküsste. Dieser Prinz war ich! Das Wachküssen kostete mich 800 Schweizerfranken.

Sechs Wochen später entführte ich das Dornröschen vom Bodensee nach München. Herr Müller hatte den Kühler vom Dach geholt und ihn dorthin gesetzt, wo er hingehörte, das Auto fahrbereit gemacht und auf den Sitz ein Buch gelegt, als Dreingabe und Souvenir. Es trug den Titel „La Tragédie d'André Citroën" von Silvain Reiner, erschienen 1954.

Nach Avignon zum Zelten am Rhôneufer bin ich mit dem Trèfle nicht gefahren, ein Gestell zum Aufladen von Kanus habe ich ihm auch nicht verpasst. Aber ich hatte mir meinen langgehegten Traum erfüllt. Dreieinhalb Jahre lang verblieb der kleine Citroën in meinem Besitz, bevor ich ihn an Fritz B. Busch für sein neu eröffnetes Museum weitergab. Ausschlaggebend für diesen Entschluss waren zwei weitere Traction Avant, die ich mir zugelegt hatte. Beim Ausknobeln der wenigen zur Verfügung stehenden Garagenplätze war es der Trèfle aus Romanshorn, welcher nun in Wolfegg – immerhin wieder in Nähe des Bodensees – seine neue Heimat fand.

Mit dem kleinen Citroën-Oldtimer warb die Firma Blaupunkt, wie hier in AMS, noch Mitte der 1960er Jahre für ihre Radios. Die überdimensionierte Kühlerfigur schien den Wagen, gemäß der Überschrift zum, Luxus-Gefährt erklären zu wollen. Der Anblick der einretuschierten Antenne dürfte heute so manchem Liebhaber die Laune am Radio-Hören verderben, zumal es nur Mittel- und Langwelle im Angebot gab.

Hinter den Sieben Bergen

Citroën-Expedition ins Leinebergland
von Ulrich Knaack

Herrn und Frau Klein hatte ich im Jahr 2003 kennengelernt. Was Sie mir erzählten, hörte sich vielversprechend an. Dass ich jedoch Sensationelles finden sollte, merkte ich erst ein dreiviertel Jahr später, als ich endlich einmal Zeit für den Besuch ihres Hauses fand, mitten im Wald im Landkreis Hildesheim gelegen.

Ich traf dort auf zwei Citroënnisten der allerüberzeugtesten Sorte, deren beide Söhne „auf der Rückbank unseres Ami 6 groß geworden" waren, wie mir Kleins stolz berichteten. Jene sind nun ihrerseits Citroën-Fans mit mehreren entsprechenden Oldtimern.

Spannung hatte das Ehepaar, Herr Klein sprachlich unverkennbar als Berliner herauszuhören, bei mir erregt, da sie mir auf der letzten Citrorama voller Verve von ihrer „Raupe" erzählten. Ich hatte bei der ersten Begegnung bestimmt zehn Minuten gebraucht, um zu merken, dass bei all den Doppelwinkel-Themen, die mir erzählt wurden, mit der „Raupe" tatsächlich ein Kégresse-Citroën gemeint war, einer der durch die berühmten Expeditionen legendär gewordenen Halbketten-Wagen. Und das in Deutschland, nur rund eine Stunde Weg von mir entfernt – ich wollte es nicht glauben!

Als ich das Anwesen der Kleins erreichte, fiel mir sofort auf, wie unpassend ihr Familienname ist. Bewohnt das Ehepaar doch ein mit sechs Hektar partout nicht kleines Grundstück, davon 4 Hektar Wald mitsamt eigenem kleinen Stausee und zwei ehemaligen Jagdhäusern bzw. Freizeitvillen, die sich Hildesheimer Fabrikanten 1924 und 1930 in die Idylle des Leineberglandes, kurz hinter den Sieben Bergen bei Alfeld gebaut hatten. Eigentlich auf der Suche nach einem ruhigen und günstigen Standplatz für ihren Klapp-Caravan außerhalb des ummauerten Westberlin hatten die Kleins das Anwesen 1978 erworben, nachdem es jahrelang niemand hatte haben wollen. Nun stand ich in einer Idylle, umgeben von 2 CV 6, Ami 8 Break, Geschichten von GS und GSA Break sowie Ami Super Break.

Langsam dämmerte mir, dass Kleins Ausspruch „Wir brauchen hier so ein Auto“ vollkommen ernst gemeint war und sich auf den Halbketten-Citroën und seinen Einsatz auf dem zum Grundstück gehörigen Holzrückplatz am Hang bezog. Wie kommt nun ein Berliner, der sich mit seiner Frau in die Waldeseinsamkeit zurückzieht, selbst heftige Citroën-Liebe unterstellt, als Rentner zu solch einem seltenen, unhandlichen Wagen? Herr Klein hatte schon 1970 in einer bekannten Berliner Buchhandlung für reduzierte 1,50 Mark ein kleines Kinderbuch über die Gelbe Expedition erstanden, welches 1967 auf Deutsch veröffentlicht worden war.

Das Thema Expeditionen mit Citroën hatte ihn zum Träumen angeregt. Und dass Rüdiger Klein ein Mann ist, der seine Träume auch realisiert, seien sie noch so schwierig oder abwegig, hatte er bereits 1961 bis 1963 als junger Mann bewiesen. Mit seinem Kreidler-Moped des Baujahres 1958 hatte Klein damals nämlich völlig allein die Welt in zweieinhalb Jahren umrundet.

Auch zu Citroën war Herr Klein auf Grund eines alten, beharrlich verfolgten Traumes gekommen. In der Zeitschrift *hobby* hatte er seinerzeit als technikinteressierter Mopedfahrer die ersten Berichte zum „Regenschirm auf Rädern“ gelesen. Den 2 CV hatte er wegen seiner minimalistisch klugen Konstruktion und wegen der Beschränkung auf das Wesentliche stets sehr hoch eingeschätzt.

Linke Seite:
Arbeitsplatz im Wald – wie bei den Expeditionen
Rechts oben:
Der familiäre Ami 8 Break mit Falt-Anhänger
Unten:
Sohn Klein restaurierte diesen Citroën C 6

„Technisch war für mich dieser VW Käfer, den damals alle Welt fuhr, ein stetes Ärgernis, seine Straßenlage eine Zumutung. Dessen Konstruktion war nicht schlau und seine vermeintlichen Neuerungen von der Werbung völlig übertrieben dargestellt. Ich dagegen wollte später mal, wenn ich mir ein Auto leisten könnte, den 1961 vorgestellten Ami 6 fahren. Der besaß die Einfachheit des 2 CV, verbessert und stärker motorisiert. Doch den Ami wollt ich möglichst als Kombi haben, und das gab es 1964, als wir heirateteten, hier noch nicht."

1966, mittlerweile wurde der erträumte Kombi mit 2 CV-Technik angeboten, war Rüdiger Kleins erster Neuwagen, bei Citroën-Fandrich in Berlin gekauft, logischerweise ein Ami 6 Break. Der Ami hielt immerhin bis Ende 1975 und wurde dann, bereits zigfach geschweißt, an eine türkische Familie in Berlin verkauft, die damit die übliche Autoput-Tour quer durch Jugoslawien bis in die Türkei unternahm. 1975 kam der zweite Neuwagen zu Familie Klein, ein GS 1220 Break, welcher für das familiäre Möbelgeschäft und für die Ferienfahrten mit dem Klappanhänger jahrelang beste Dienste leistete. Bis 1992 seine Hydraulik schließlich völlig versagte, der Wagen, in Flachstellung, bis Berlin befördert wurde und in der Scheune des Sohnes neben dessen Ami abgestellt wurde. „Man kann doch einen alten Citroën nicht verkaufen!" strahlt mich Herr Klein an. Und seine Frau ergänzt: „Mal sehen, vielleicht macht der Benjamin den ja wieder flott."

Jener Sohn und seine Suche nach einem geeigneten Restaurierungsobjekt brachten auch Rüdiger Kleins zweiten Traum in Sichtweite. Bei der Suche des jungen Mannes, gelernter Tischler übrigens wie sein Vater, nach einem Citroën der 1930er Jahre, stieß man nämlich im Jahre 1987 auf das

Oben links:
Mit diesem Büchlein für 1,50 Mark fing alles an
Unten:
Der Kégresse-Citroën bei seinem Kauf 1987

Verkaufsangebot mehrerer Citroën bei einem Berliner Sammler. Und während der Sohn überglücklich für 3.000 DM einen weitgehend kompletten, wenn auch hinten arg verstümmelten C 6 übernahm, konnte Rüdiger Klein nicht minder strahlend für 10.000 DM seinen Citroën-Kégresse-Schlepper mitnehmen. Eine Berliner Odyssee durch insgesamt sechs Garagen folgte, erst die Grenzöffnung schuf nach 1990 neue Möglichkeiten und der 1992 erfolgte Umzug ins Ferienhaus im Hildesheimer Bergland weckte mehr und mehr Begehrlichkeiten.
„Wissen Sie, die Ente hat bei mir das ganze Jahr M+S-Reifen drauf, was soll ich hier in der Gegend noch im Sommer umziehen? Und dennoch, die parke ich oben am Weg." Die Kleins leben nämlich in einem tiefromantischen Tal einge-

Oben:
Räder und Motorhaube kamen zuerst dran

Unten:
Der Schlepper nach seinem Umzug im Jahr 2000

links und rechts oben: Ein Bild der Ruhe, wenn Rüdiger Klein im Wald seine „Raupe“ aufbaut

kesselt, dessen Hänge steil und lehmig sind, „so dass hier ohne Sperrdifferenzial oft gar nichts geht. Also wollten wir die Raupe endlich fertig stellen, denn die wollen wir bei uns auch wirklich einsetzen.“

Ende 1999, mitten im Schneetreiben, wurde der Kégresse-Citroën aus Berlin herangeholt, liebevoll mit einer uralten Plane des großväterlichen Möbelunternehmens abgedeckt. Bei Kleins wird eben nichts weggeworfen. Anfang 2000 begann dann die Zerlegung. Und wenn Frau Klein heute auf meine Frage, „Wann denken Sie, dass er fertig wird?“, antwortete: „Ich glaube 2006“, dann widerspricht Rüdiger Klein lachend und antwortet: „Nichts da, 2005 ist der fertig!“

Der begabte Selbermacher Klein zerlegte das Monster selbst, übrigens ein Exemplar

1. L. Audouin-Dubreuil und G.-M. Haardt

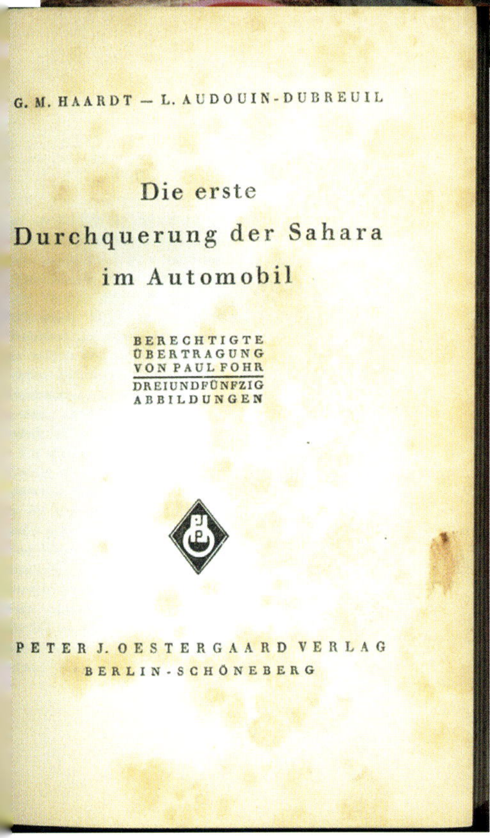

G. M. HAARDT — L. AUDOUIN-DUBREUIL

Die erste Durchquerung der Sahara im Automobil

BERECHTIGTE ÜBERTRAGUNG VON PAUL FOHR

DREIUNDFÜNFZIG ABBILDUNGEN

PETER J. OESTERGAARD VERLAG
BERLIN-SCHÖNEBERG

Links unten: Auch auf Deutsch erschien 1928 ein Buch zur ersten Sahara-Durchquerung

der Serie P 17 C auf Basis des PKW C 4 G, wahrscheinlich aus dem Baujahr 1931. Die teilweise zeitgleich erfolgte Restaurierung des C 6 beim Sohn brachte Rüdiger Klein mehr als eine Erkenntnis: „Die haben damals die originalen PKW-Rahmen für die Raupen verwendet, nur dass der Bogen für die Hinterachse nun überflüssig war und durch Verstärkungsbleche geschlossen wurde. Denn bei den späteren Kégresse-Modellen war der Antrieb nach vorn gewandert, so dass die kurze Kardanwelle nicht einmal zwischengelagert werden musste."
Auch das Funktions-Prinzip der hinteren Band-Laufwerke, von Ketten darf man bei der Gummi-Konstruktion eigentlich nicht reden, hat Herr Klein minutiös durchschaut – inklusive deren Konstruktionsschwächen. „Bei den vorderen Antriebs-

Oben: Wer mitten im Wald allein einen Citroën-Kégresse aufbaut kann Nachbarn mit Unimog brauchen

Unten: Die Hinterachse mit ihren Planeten-Untersetzungsgetrieben lässt nur Platz für Außenbandbremsen

Oben: Das Gummi-Laufband mit verschraubten Metallplatten, Führungs- und Antriebsblöcken aus Gummi

Unten: Die mittleren Führungsrollen wurden neu gelagert; ihr zentraler Schmiernippel reicht nicht aus

Der Rahmen hatte rechts neben der Federung des Bandantriebs einen Riss, der repariert wurde

rollen liegt das Band nicht auf, erst dahinter bei den in drei Achsen beweglichen Führungsrollen. Deren zentrale Schmierstelle war zu klein dimensioniert. Das eingebrachte Fett hatte nämlich auch die Parallelschwingen-Lagerung der hinteren Umlenkungsräder zu schmieren, was aber meist nicht gelang. Auch nicht gelingen konnte, denn es fehlte die durchgehende Fett-Nut an der Achse. Man hätte mit mehreren Einzel-Schmiernippeln Besserers erreicht."

Ausgeschlackerte Lager waren nicht das einzige Problem an Kleins Kégresse-Citroën. Da galt es zunächst kapitale Rahmenrisse zu beseitigen und nachträgliche Löcher darin sachgerecht zu schließen. Klein übertrug dies LKW-Firmen bzw, Metallbau-Betrieben seines ländlichen Umfeldes. Die zu Teilen zuvor schon ersetzten Motorhalter waren viel zu schwach und allesamt gerissen, „ein Wunder, dass uns die Motor-Einheit auf dem Transport nicht herausgefallen ist!" Etliches musste und muss nach wie vor angefertigt werden, „doch immerhin, wir waren ja glücklich, dass das Fahrzeug weitgehend komplett zu uns gekommen ist."

Vorbesitzer des Berliner Sammlers war übrigens ein Bauer im Südfrankreich gewesen. Kleins sind sich sicher, dass er den P 17 im harten Ackeralltag bis zum Schluss benutzt hatte. Und mehrere Details deuteten auch auf einen Frontlader bzw. Schieber-Einsatz hin.

Die ganz großen Umbauten wie beim C 6 des Sohnes, dessen komplettes Heckteil beim südfranzösischen Bauern mit der Blechschere aufgetrennt worden war, um

den Wagen als Hütte für Schafe zu benutzen, waren dem Halbketten-Citroën jedoch erspart geblieben. Er bildete ab Werk bereits ein Nutzfahrzeug. Allerdings fehlten ihm die Türen am Führerhaus, in der selteneren Ausführung als geschlossener Kasten, genau wie die vorderen Kotflügel. „Der Bauer hat diese Teile garantiert als störend empfunden und daher abgebaut."
Die Türen übrigens besorgte Familie Klein so wie viele andere Einzelteile bei der legendären Firma Dépanauto in Nogent-le-Rotrou, in der Nähe von Le Mans. „Doch da die Türen von C4 und C6 hinten natürlich nicht ausgeschnitten sind wie bei unserem P 17, müssen sie umgearbeitet werden."
„Den Motor und das Getriebe haben wir zu einem Spezialisten bei Frankfurt gegeben, der auch den C 6-Motor meines Sohnes überholt hat. Im Großen war an dem Triebwerk gar nichts besonders verschlissen." Erst eine Woche vor meinem Besuch war der überholte Vierzylinder (75x100mm, 1767 ccm) samt Getriebe angeliefert worden. Stolz wies mich Herr Klein auf die Hauptunterschiede zum PKW-Motor hin: „Man verwendete, sicher aus Kostengründen, damals für die Raupen normale C 4-Triebwerke. Da das Fahrzeug mit Dreiganggetriebe und Untersetzungs-Planetengetrieben an den Enden der Antriebsache nicht schneller als maximal 40 km/h fahren sollte, begrenzte man einfach die Drehzahl mit einem Fliehkraftregler. Je schneller der Motor dreht, umso mehr wird die Ansaug-Klappe hinter dem Vergaser geschlossen, bis schließlich kein Gemisch mehr durch-

Auf die äußerst seltene Spezial-Ölwanne seines Motors aus Aluminium-Guss achtet Herr Klein besonders

Oben: Einer von 55 Metall.Haltern pro Seite, welche nach außen die Laufgummis tragen

Unten: Das Herzstück des Kégresse-Antriebes bildet dieses Gewebe-Gummi-Band, an welchem die Metall-Halter samt Antriebs-, Führungs- und Laufgummis verschraubt sind

kommt und der Motor langsamer dreht, dann öffnet die Klappe wieder. Die zweite Besonderheit ist die Ölwanne, sie ist aus Aluminium gegossen und verrippt. Dieses Wanne ist derart selten und kaum nachzumachen, dass sie für mich heute das wertvollste Teil am ganzen Motor darstellt. Man musste nämlich auf Grund der niedrigeren Drehzahlen mit weniger Öldruck aber mehr Belastung, also mehr Temperatur rechnen. So verbauten die Citroën-Techniker diese, einem Rennmotor gleichende, kühlende Ölwanne aus Aluminium-Guss.

Ein weiteres „Detail", genau gesagt handelt es sich um 442 verschiedene Teile, beunruhigt Herrn Klein derzeit. Nachdem er mit Mühe eine mittelgroße Gummi-Fabrik ausfindig gemacht hatte, welche ihm alle Einzelteile des Bandantriebs herstellen konnte und wollte, ging diese Firma in Insolvenz. „Auf den Bändern fand ich noch das Herstellerkennzeichen von Hutchinson. Doch wenn man mit großen Firmen wie Conti spricht, bekommt man als Privatier ja nie Auskunft, Nachfertigungen haben keine geeigente Stückzahl." Ein komplettes Kégresse-Antriebsband besteht aus einem tragenden, vielfach gelochten Gummi-Gewebeband, aus je 55 Winkeleisen darauf aufgeschraubt, daran je ein Hartgumminoppen in den Eisen als Straßen-Lauffläche, die den Asphalt schont, sowie zwei Reihen von 55 Gummi-Noppen innen, also 220 an beiden Bändern, die in Verbindung mit den gezahnten Antriebsrädern für den Vortrieb sorgen. Damit das ganze Band nicht abspringen kann, laufen innen noch um die Schrauben des Haupt-Laufgummis gelegte je 55 Führungskonen, ebenfalls aus Gummi. Mit etwas Reservematerial hat eine Firma bei Ausrüstung zweier Kégresse-Bändern also eigentlich einen respektablen Auftrag, „Jetzt suche ich weiter."

Bei der Hartnäckigkeit und Konsequenz den eigen Träumen gegenüber, die ich bei Herrn Klein und Frau kennen lernte, bin ich mir sicher, dass der Wiederaufbau der Kégresse nur eine Frage der Zeit ist. Und dann rollt, pardon: gleitet auch durch die waldigen Gründe des Leinebergiands wieder ein Citroën mit Halbketten. Sie sollten bei eventuellen Ausflügen ins Harzer Vorland ab Sommer 2005 auch in den Waldregionen auf alte Citroën aufpassen. Und Sie brauchen den Lenker nicht wie im Traum anzusprechen: „Mister-Haardt or Mister Audouin-Dubreuil, I presume!" Es wird vielmehr Rüdiger Klein beim Holzrücken sein, standesgemäß und absolut stilvoll.

Ich verabschiedete mich beeindruckt von Familie Klein. Einmal mehr war bewiesen: Technik-Geschichte und Industrie-Archäologie beginnen stets vor der eigenen Haustür. Und die tollsten Stories findet man häufig per Zufall.

Wenn 2005 der nächste Bildband der Audouin-Dubreuil-Bücher auch in Deutsch wieder bei Frederking&Thaler erschienen sein wird, wünsche ich mir jedenfalls meine Privat-Demonstration eines P 17 C am Berghang – mitten in Südostniedersachsen.

Kalte Füße, heißes Herz

Die Überführung eines 15 CV nach Deutschland
von Albert Landreich

Sie gehörte zu den spät entwickelten und eher konservativen Mädchen. Stiefeletten, Nylons, enger Rock und weiße Bluse: So erschien Fräulein Bogenfelder jeden Tag im Büro meines kleinen Familienbetriebes. Nicht anders nun zum Start unserer viertägigen Reise nach Paris: Ein kleines schwarzes Jäckchen übergelegt, den grünen Sommermantel und den Minikoffer in der Hand, so stand sie vor mir. Weder Schal noch Handschuhe, keinerlei Bedeckung auf dem Blondkopf. Und das im Dezember, der Kalender zeigte nur noch drei Wochen bis Weihnachten!

Mit der kurzberockten, nylonbestrumpften Sekretärin nach Paris zu reisen, „das kann doch nicht gut gehen", meinten die Uneingeweihten, da war ich mir sicher. Ich muss einflechten, dass diese Reise tatsächlich aus rein geschäftlichen Gründen stattfand. „Um so schlimmer" werden die Eingeweihten wohl gedacht haben. Für unsere Fahrt nach Paris, auf deren Rückweg ich ein Auto zu transportieren gedachte, bot sich der Nachtzug an („jetzt ist alles klar" unkten sicher die Fantasiebegabten). Auf dem Bahnsteig von Gleis 16, wo wir uns für 20 Uhr 15 verabredet

Auch Herausgeber Halwart Schrader erlag – wie Autor Landreich – lange Zeit der Faszination des 15 CV. 1972, als dieses Bild aufgenommen wurde, war der repräsentative Wagen ständig im Alltagsgebrauch

hatten, empfing mich Fräulein Bogenfelder mit einem freundlichen Lächeln und wenigen Worten, so wie ich es von ihr gewohnt war:
„Grüß' Sie, Herr Landreich! Da sind Sie ja!" Selbstverständlich waren wir per Sie, wie sich das gehörte. Ich antwortete zurück: „Grüß' Sie, da sind Sie also auch. Wir haben das Doppelabteil 44."
Dass sie darauf etwas sagen würde, hatte ich nicht erwartet, denn allzu gesprächig zeigte sich Fräulein Bogenfelder normalerweise nicht. An jenem Abend war sie es zu meiner Überraschung doch.
„Das mit dem gemeinsamen Abteil find' ich aber nicht so toll, Herr Landreich."
Die Tickets hatte ich selbst besorgt. Hätte ich ihr das aufgetragen, wäre ihr Einwand vermutlich schon eher gekommen, heute im Büro, zum Beispiel.
„Eine Fahrkarte für ein Double kostet weniger als eine für zwei Singles", gab ich in väterlich belehrendem Ton zur Antwort. „Und unsere bescheidene Drei-Personen-Firma muss mit den Ausgaben haushalten, das wissen Sie doch, Fräulein Bogenfelder?" Sie blickte auf den Boden und schwieg.
Das Übernachten in einem Schlafwagenabteil, ganz gleich ob Double oder Single, spielt sich auf der gleichen Komfortstufe ab, welche ein Kleiderschrank bietet, in den man ein Puppenwaschbecken eingebaut hat. Fräulein Bogenfelder traf im Gegensatz zu mir keinerlei Anstalten, sich fürs Zubettgehen ein wenig zu entkleiden. Viel hatte sie ja auch nicht an, was abzulegen gewesen wäre, so schien mir. Dann schaltete sie ihr Kojenlicht aus, ich das meine ebenfalls.
Warum hatte ich Fräulein Bogenfelder auf diese Reise mitgenommen? Natürlich hätte ich den alten Citroën auch allein überführen können, zumal sie mir schon vor der Abreise zu verstehen gegeben hatte, dass sie es sich keinesfalls zutrauen würde, mich am Steuer abzulösen.
Französische Sprachkenntnisse? Besaß ich selbst genügend. Sie, soweit ich im Bilde war, nicht im Geringsten. Wahr ist: Ich hatte einfach keine Lust, die Reise allein zu unternehmen. In Gesellschaft reist sich's angenehmer. Und schließlich war ich als frisch gebackener Jungunternehmer Fräulein Bogenfelders Arbeitgeber und brauchte nur anzuordnen: „Nächste Woche fahren wir beide für einige Tage fort; nehmen Sie den Stenoblock mit." Das macht doch etwas her!
Viel mehr als den Stenoblock hatte sie auch nicht dabei. Gebraucht haben wir ihn natürlich nicht. Ich hätte besser anordnen sollen: „Nehmen Sie Winterklamotten mit". Ob sie gedacht hatte, Paris liege näher an der Côte d'Azur? Aber für Siebzehnhundertfünfzig brutto bekam man 1967 natürlich keine Geografie-Expertin. Diesen Mangel glich Fräulein Bogenfelder durch ihre bajuwarisch barocke Figur, einen netten Augenaufschlag in Rehbraun und eine perfekte Beherrschung der Kunst des Kaffeekochens aus.
„Mir sind die Füße ein bisschen kalt" – diesen Satz hörte ich zum ersten Mal am nächsten Tag, als wir draußen im 18. Arrondissement auf Monsieur Joudaille vor seiner Garage warteten. Wir waren viel zu früh dran. Endlich erschien der Werkstatt-Chef und schob den mir versprochenen Traction Avant aus dem Dunkel seiner Garage heraus.
Es war ein Traum von einem „Gangsterwagen", ein großer Sechszylinder im obligatorischen Schwarz, mit cremefarbenen Rädern, rostfreien Stoßstangen

und graublauen Velourspolstern. Er sah trotz seiner dicken Staubschicht aus wie neu und war doch schon gut siebzehn Jahre alt, nur fünf jünger als Fräulein Bogenfelder. Exakt so hatte ich mir meinen 15 CV vorgestellt!
„Können wir in ein Café gehen, wenn wir hier fertig sind – zum Aufwärmen?"
„Später, ja doch, aber der Wagen hier, haben Sie schon jemals so etwas Schönes gesehen?"
„Nein, ich glaube nicht!"
„Wollen wir uns nicht mal reinsetzen? Ist er nicht einfach wundervoll?"
„Ja, finde ich auch. Aber innen ist es sicher auch staubig, und die Türen gehen ja nach vorne auf!"
„Doch nur die vorderen! Jetzt müssen wir erst einmal einen Kaufvertrag aufsetzen, Fräulein Bogenfelder. Ich werde Ihnen alles diktieren. In Monsieur Joudailles Büro ist es sicher schön warm."
Fehlanzeige. Eine Schreibmaschine besaß der Garagist zwar, sogar mit einem Farbband auf der Spule, doch über einen Ofen verfügte auch sein „Büro" nicht. Drinnen wie draußen waren es höchstens sechs oder sieben Grad. „Ganz schön kühl, heute Morgen," sagte ich. Monsieur Joudaille meinte lapidar, ihn halte die Arbeit warm, und ab und zu ein Pastis.
Fräulein Bogenfelder tippte nach meinen Angaben den Vertrag, zwei Sprachen, drei Ausfertigungen, ich übergab dem Mann die vereinbarte Summe, er kramte die Carte Grise für den 15 CV hervor, erklärte mir den Umgang mit der Schaltung – und dann sprang der Motor nicht an. Ein jämmerliches, nur wenige Sekunden währendes Wimmern war alles, was wir vernahmen.
„Ah, die Batterie! Die taugt nichts mehr. Ich hätte da noch eine ganz neue, und frisch geladen ist sie auch, Monsieur!"
Während Fräulein Bogenfelder in ihrem grünen Sommermäntelchen vor der Schreibmaschine saß und fröstelte, wechselte Monsieur Joudaille die Batterie, kein ganz einfaches Unterfangen, denn das Ding saß furchtbar eng unter der Scharnierleiste der mittig geteilten Motorhaube. Monsieur hätte gern noch weitere hundertneunzig Francs für den Akku und dreißig für ein Frostschutzmittel erhalten, besann sich dann aber kurz und meinte: „Sagen wir: zweihundert zusammen – d'accord?"
Ja doch, Monsieur, d'accord.
Gegen halb elf waren wir soweit, orderten nebenan an einer Straßentankstelle „bitte voll" – bon Dieu, war das Benzin in jenem Land damals teuer! – und stürzten uns mit dem langen, breiten und staubüberzogenen Citroën mitten ins Gewühl der Pariser Innenstadt, wobei ja ganz Paris aus „Innenstadt" besteht. Jetzt wurde Fräulein Bogenfelder auf einmal richtig munter: „Vorsicht, der Motorradfahrer da vorne rechts! Hat der Briefträger mit der Trillerpfeife uns gemeint? Ach, das war ein Polizist? Herr Landreich, dort steht ja ein griechischer Tempel! Madeleine? Wieso heißt der Bau wie eine Frau? Was ist das für ein großer Haken unter dem Armaturenbrett? Das soll die Handbremse sein? Komisch." Sie redete nicht nur mehr, sondern auch ein wenig schneller als sonst. Ich war überrascht.
Es machte mir zunehmend Spaß, die mir noch ungewohnte Schaltung des alten Citroën zu bedienen und seine kräftige Beschleunigung auszukosten. Ich schaffte es sogar, den Kreisverkehr rund um die Place de l'Etoile zu verlassen, ohne ein einziges Taxi zu touchieren.
Lange hatte ich nach einem guten 15 CV

gesucht, dem klassischen Fünfzehner mit Charakter, Charme und der legendären Straßenlage. Kein Mensch schien 1967 in Paris an einem solchen Wagen etwas Besonderes zu finden. Es fuhren hier seinerzeit noch jede Menge Traction Avant durch die Gegend, zum Teil Vorkriegsbaujahre. Nur einen anderen Sechszylinder, erkennbar an der extra langen Motorhaube, erspähten wir nicht. Wo befand sich übrigens der Knopf für die Hupe? Ich hatte vergessen, danach zu fragen.

Wir tranken noch einen „café au lait“, verspiesen zu zweit ein „sandwich au jambon“, dann begann die Heimreise. Etwa zwölf bis dreizehn Stunden, so rechnete ich, würden wir unterwegs sein. Sechs noch am Nachmittag, sechs oder auch sieben am Tag darauf. Der Wagen musste an der Grenze deklariert werden, und das würde bekanntlich dauern.

Unsere Reise nach Deutschland verlief abwechslungsreich. Das Abenteuer begann in der Nähe von Tournan mit einer Reifenpanne hinten links. Auf dem Parkplatz des nächsten „Routiers” wollte ich das Rad wechseln. Aber hatten wir überhaupt einen Wagenheber und einen Kreuzschlüssel an Bord? Zum Glück fand ich beides unter der Gummimatte im Kofferraum. Das Rad wird beim Citroën von nur drei Radmuttern gehalten. Diese aber saßen knallfest und widersetzten sich lange und beharrlich all meinen Anstrengungen, sie zu lösen. Schließlich war es doch geschafft, und zu meiner großen Erleichterung erwies sich der Reservepneu nicht als gänzlich luftleer. Fräulein Bogenfelder saß, während ich mir nacheinander die Hände, die Hose und die Jacke beim Radwechsel beschmutzte, eine halbe Stunde lang allein im kalten Auto, im Schneidersitz, den Sommermantel wie einen Poncho um sich gelegt. Sicherheitshalber ließ ich den defekten Schlauch des platten Reifens gleich an der nächsten Tankstelle gegen einen neuen tauschen. Mit dem Aufziehen verging eine weitere halbe Stunde. Dann begann es zu dämmern.

Längst hatten wir zu Fräulein Bogenfelders Leidwesen festgestellt, dass der

Deutscher Traction-Prospekt mit 15 CV-Titelbild und offensichtlich gar nicht frierender Fahrerin

Wagen offenbar über keinerlei Heizung verfügte. „Ist nicht so schlimm," schwindelte sie. Sie wusste, dass ich wusste, wie sehr sie fror und schwindelte.
Bald verfärbte sich der Abendhimmel hinter uns in eine Mischung aus Violett, Orange und Schwarz. Das Schwarz wurde bald noch schwärzer, drängte das Violett und das Orange beiseite, schob sich genau über die schöne Route Nationale N 4. Schlagartig umgab uns die Finsternis. Im gelben Scheinwerferlicht des Autos wurde der Wetterumschwung ebenfalls erkennbar: Schneeflocken flogen uns entgegen, immer mehr und mehr, und größer wurden sie auch. Sie wirbelten von allen Seiten heran, blieben an der kalten Windschutzscheibe kleben, legten sich auf das Straßenpflaster, verdichteten sich schließlich zu einem weißen Teppich vor den Rädern unseres Autos.
Runter im Tempo von neunzig auf maximal sechzig. Auch wenn die anderen ungeduldig überholten, aufblendeten, hupten. Ich hatte ja keinen Signalknopf oder fand ihn nicht, konnte also bedauerlicherweise nicht zurückbelfern.
Jetzt „erfuhr" ich im Wortsinne die Qualitäten des Frontantriebs. Der Asphalt wurde stellenweise schneeglatt, ließ bald die Straßenränder nicht mehr erkennen und das Weiß ging jenseits der Alleebäume in die flache Landschaft über. Ich folgte den Fahrspuren anderer Autos, wurde bald mutiger, legte Tempo zu und ließ mich nicht mehr überholen. Der Tachozeiger zitterte sich zwischen achtzig und neunzig ein; trotz des dichten

Ein Pressebild von 1952, welches den 15 CV-Beinamen „Königin der Landstraße" verbildlichte. Die Perspektive lässt offen, ob sich neben dem Fahrer eine fröstelnde Sekretärin in die Polster schmiegte.

Schneetreibens hatte ich nicht das geringste Gefühl der Unsicherheit. Vive la traction avant!
„Fräulein Bogenfelder, geht's denn einigermaßen? Zwei Stunden sollten wir noch aushalten. Irgendwo bei Nancy machen wir dann Station, ja?" Ich konnte sie nicht sehen, weil mein Blick sich auf die Straße mit viel Gegenverkehr konzentrierte, sie murmelte aber etwas. Immerhin, sie atmete noch, vierzig Zentimeter weiter rechts neben mir unter ihrem dünnen Mantelponcho.
Dann machte ich ihr einen Vorschlag, auf den sie auch einging: „Fräulein Bogenfelder, setzen Sie sich doch mal quer hin, mit den Füßen zu mir. Legen Sie ihre Füße auf meinen Sitz, und ich setz' mich drauf!"
Sie antwortete nicht, drehte sich aber zu mir herum, winkelte, so gut es eben ging, die kurzberockten, nylonbestrumpften Beine an. Ich schaute nicht so genau hin – oder sagen wir ehrlicherweise nur ganz kurz, nur um mich zu vergewissern, ob sie wenigstens etwas ordentlich Warmes darunter anhatte. Hatte sie natürlich nicht. Das Minimum weit oberhalb der Nylonstrumpfzone zeigte niedliche rote Punkte. Diese unvernünftigen Mädchen heutzutage ...
Sie steckte also ihre beiden Füße unter meine langunterbehosten (jawoll!) Lenden. Schockwellenartig übertrug sich Fräulein Bogenfelders Kaltfüßigkeit schon im ersten Moment auf die Unterseite meines rechten Oberschenkels, schließlich aber siegte die gesunde Durchblutung meines Körpers und übte auf Fräulein Bogenfelders Füße einen Wärmflascheneffekt aus, der sie unerwarteterweise sogar ein wenig gesprächig machte.
„Das tut gut," hörte ich nach etwa fünf Kilometern, „darf ich so sitzen bleiben?"
„Ja, sicher. Nur haben Sie jetzt keine Lehne mehr für den Rücken."
Die weich gepolsterten, sehr bequemen Sitze des 15 CV erlaubten zwar ein behagliches seitliches Anschmiegen an die Rückenlehne, wenn man eine 90-Grad-Position einnahm wie meine Sekretärin nun. Dem Rücken fehlte in dieser Kauerstellung aber jeglicher Halt, und weil die Türseite nicht im geringsten mit der Wärme einer Polsterlehne aufwarten konnte, streifte sich Fräulein Bogenfelder ihren Mantel wieder ab und stopfte ihn zusammengefaltet zwischen Kreuz und Tür. Unser Atem schlug sich nun auch noch an den Scheiben nieder und behinderte die Sicht. Fräulein Bogenfelder wischte sie mit meinem Taschentuch regelmäßig frei, doch innerhalb von Minuten beschlugen die Scheiben erneut.
Immerhin hatte das Mädchen jetzt wenigstens warme Füße! Ich hätte darauf bestehen sollen, dass sie sich in Paris einen Pullover kaufte oder irgend etwas anderes Warmes zum Überziehen. Oder wir hätten uns eine Wolldecke besorgen sollen ...
In einem Nest kurz vor Nancy, entdeckte ich eine Tankstelle, die noch geöffnet hatte. Der Tank meines neuen Autos war nämlich fast leer gefahren. Der Garagist erwies sich als ein nach (reichlich) Rotwein duftender Greis, der beim Einfüllen der über fünfzig Liter des sündhaft teuren Benzins die glimmende Gitane nicht aus dem Mundwinkel nahm. Er bewunderte den Wagen und erzählte, auch er habe einmal eine Zeit lang solch eine „Quinze" fahren dürfen. Das war für einen hohen Offizier, damals im Kriege, bevor die Deutschen kamen. Ob das Auto so etwas wie eine Heizung gehabt habe, daran

konnte er sich aber partout nicht erinnern. Und dann sagte er:
„Wenn Sie hier übernachten wollen, Monsieur, die Auberge da drüben gehört meiner Schwester. Mademoiselle auf dem Nebensitz wird es auch gefallen. Es gibt dort ein schönes Zimmer für ein so verliebtes Paar wie Ihr. Sehr komfortabel, Monsieur." – Verliebtes Paar, von wegen! Dennoch hatte der Mann ganz Recht: Eigentlich sollten wir bleiben und Hunger hatten wir auch.
„Dort drüben gibt es eine Auberge," berichtete ich Fräulein Bogenfelder. „Soll ich dort mal nach einem Zimmer fragen?"
„Gut, fragen Sie mal. Aber nach zwei Zimmern, nicht wahr?" Darauf wäre ich in dieser Situation gar nicht gekommen!
„Non Monsieur, wir haben leider nur ein einziges Zimmer, mit einem grand lit," sagte Madame, „unsere Gäste finden es sehr schön. Oui Monsieur, es ist frei. Non Monsieur, wir servieren kein Essen heute Abend, es kommen eh keine Gäste mehr. Oui Monsieur, ich könnte Ihnen eine Kleinigkeit zubereiten bei mir in der Küche, vielleicht eine kräftige Gemüsesuppe mit Rindfleisch."
Ich ging zum Auto zurück, setzte mich wie gehabt auf Fräulein Bogenfelders Füße und erstattete Bericht.
„Nur ein Zimmer? Aber Herr Landreich! Dann fahren wir auf jeden Fall weiter." Es war das erste Mal, seit Fräulein Bogenfelder in meinen Diensten stand, dass sie eine Entscheidung zu treffen versuchte, die nicht mit der ihres Chefs übereinstimmte.
„Möchten Sie, dass ich hier im Auto übernachte?" fragte ich Fräulein Bogenfelder, Mitleid heischen wollend. Nein, natürlich mochte sie mir das nun nicht antun.
„Und was soll ich jetzt tun?" fragte ich.
„Nochmal fragen, bitte! Vielleicht haben sie ja doch ein zweites Zimmer."
Ich kam mir ganz schön blöd vor. Aber ich begab mich noch einmal in die Auberge und versuchte der Frau Wirtin zu erklären, dass ich gern ein zweites Zimmer hätte, auch wenn sie keines habe. Dass ich ein Geschäftsmann auf Reisen und die junge Dame in meiner Begleitung mir vollkommen fremd sei. Und dass jene überdies ein Gelübde abgelegt habe, welches ihr untersage, mit einem Mann, mit dem sie nicht verheiratet ist, das Zimmer oder gar das Bett, und sei es noch so breit, zu teilen.
Alors, Punkt A, sie könne mir oder der keuschen Mademoiselle eventuell das Sofa in der Wohnstube anbieten, wenn wir es denn akzeptierten, antwortete die Wirtin, auf dass wir unsere Reise in dieser kalten Winternacht nicht fortsetzen müssten. Aber sie komme, Punkt B, nicht umhin, malheureusement, dann auch für zwei Zimmer zu kassieren.
Fräulein Bogenfelder berichtete ich den Sachverhalt zu Punkt A, und sie war einverstanden, dass wir blieben. „Ich möchte bitte das Sofa in der Wohnstube nehmen, und Sie kriegen das Zimmer."
Während wir in der miefigen Küche des Hauses in Gesellschaft des Patron – er saß am anderen Ende des Tisches und sprach noch weniger als das ausgekühlte Fräulein Bogenfelder – unsere Suppe löffelten und ich die wohlige Wärme dieses Miefs zu genießen begann, bemerkte ich die abschätzenden Blicke der Wirtin, mit denen sie vom Herd aus die kurvenreiche, blondhaarige Gestalt mir gegenüber mit ihren feschen Nylons, dem engen Rock und der dünnen Bluse betrachtete. Wieso wollen die beiden nicht im gleichen Bett schlafen? Ob sie sich zerstritten haben,

schien sie zu überlegen. Er redet eine ganze Menge, aber sie sagt kaum etwas. Warum lächelt sie ihn aber so lieb an? Zerstritten sind sie wohl doch nicht. Jetzt berührt er sogar ihre Hand, sicher nicht zufällig! Sie gibt sich wohl ein wenig spröde für den Anfang, die junge Gans!
Gute Frau Wirtin, da liegen Sie ganz falsch, telepathierte mein virtueller Signalgeber an den Herd zurück. Fräulein Bogenfelder könnte zwar durchaus mein Typ sein, auch ohne engen Rock und dünne Bluse, sogar ohne Nylons, das muss ich ja zugeben. Indessen, ich habe sie vor einem dreiviertel Jahr nur engagiert, weil sie in Steno und Schreibmaschine gut war und auch prima Zeugnisse vorlegen konnte – na schön, auch weil sich niemand anderes auf mein Inserat beworben hatte. Aber mein Fräulein Sekretärin und ich befinden uns schließlich auf einer Geschäftsreise, auch wenn das auf Französisch ausgerechnet „voyage d'affaires" heißt.
„Hallo – Herr Landreich! Sie essen ja gar nichts! Wo sind denn Ihre Gedanken?"
„Bei meinem neuen alten Auto," gab ich vor.
Und dann sagte sie: „Ich habe jetzt wieder kalte ..."
Nein, nicht schon wieder! Fräulein Bogenfelder ließ den Satz unvollendet, legte den Löffel zur Seite, guckte mich verlegen an und sagte nichts weiter.
Offenbar hatten bei ihr bis jetzt weder die heiße Suppe noch die vom holzbeheizten Küchenherd herüberstrahlende Hitze eine Wirkung gezeitigt, geschweige denn meine gut gelaunte Gegenwart.
Das Mädchen tat mir wirklich leid. „Ziehen Sie Ihre komischen Schuhe aus", forderte ich sie auf. Meine streifte ich ebenfalls ab. Mich hatte die potage au

Weich waren die Fauteuils im 15 CV stets, im hydraulischen Modell 6 H jedoch ganz besonders

légumes bis in die Zehenspitzen wohlig temperiert, außerdem trug ich nicht nur lange Unterhosen, sondern auch Wintersocken und hatte schon deshalb warme Gliedmaßen.
„Stellen Sie Ihre Füße auf meine!"
„Aber Herr Landreich!" sagte Fräulein Bogenfelder und guckte mich aus leicht fieberblanken Augen an, befolgte indes die Weisung ihres Chefs und bewegte ihre Füße die nächsten zehn Minuten kaum. Frau Wirtin verhalf uns zu einem zweiten Teller Suppe mit Einlage und einem Korb Brot in dicken Scheiben. Was unter dem Küchentisch vorging, hatte sie selbstverständlich mitbekommen.
Sie habe in ihrem ganzen Leben noch nie so schön warme Füße gehabt wie endlich, endlich jetzt, sagte Fräulein Bogenfelder. Wozu doch Arbeitgeber manchmal nützlich sein können, auch außerhalb aller vertraglicher Vereinbarungen. Und sie sagte sogar noch etwas. Nämlich, dass

Seit 1947 drehte der Sechzylinder des Citroën rechts herum, was ihn zum 15 CV D, wie droite, machte

ihr jetzt überall, auch am Rücken, ganz warm sei, eigentlich sogar ziemlich heiß! Sie sagte das mit leiser, beinahe zärtlicher Stimme und guckte mich mit ihren hübschen Augen an, zugleich klang es ein bisschen rau. Fünf Minuten später aber nahm sie ihre Füße wieder an sich, zog sich die abgestreiften Stiefeletten (wobei sie sich unschicklich unter den Tisch bücken musste) an und rief im Gehen in die Wohnstube der Wirtsleute zurück: „Bonne nuit!"

Madame folgte meiner Provinzschönheit schlurfenden Pantoffelschrittes; sie wollte ihr eine Bettdecke und ein großes Kissen geben und ihr zeigen, wo sich die Toilette befand. Ich blieb noch zehn Minuten und ging dann ebenfalls zu Bett.

Mein Zimmer – plüschig-gemütlich, viel zu schade zum allein Bewohnen – lag gleich gegenüber der Küche, neben dem Wohntrakt der Wirtsleute sowie der kalten, dunklen Gaststube. Das ganze Haus war nicht besser temperiert als mein schwarzer Fünfzehner; mit Ausnahme der Küche. Für wen denn auch? Armes Fräulein Bogenfelder, dachte ich beim Einschlafen. Vielleicht hätte ich darauf bestehen sollen, dass sie das zwar ebenfalls ungeheizte, aber doch mit einem großen, richtigen Bett und einem Waschbecken bestückte Zimmer bezieht.

Ich hatte keine Ahnung, wie spät oder früh es war. Durch das Knarzen der Tür meines Zimmers war ich aufgewacht. Nun richtete ich mich empor und erahnte im schummrig-hellen Rechteck der Türöffnung, im Korridor brannte wohl nur eine Fünfzehnwattbirne, die Umrisse einer Gestalt, die ich Fräulein Bogenfelder zugeordnet hätte, wäre dies nicht ein so absurder Gedanke gewesen. Sie war es dennoch.

„Verzeihung, Herr Landreich, schlafen Sie schon?"

„Nein, jetzt nicht mehr, Fräulein Bogenfelder!"

„'Schuldigung, ich – ich weiß nicht. Also mir ist nämlich so furchtbar kalt. Und ich habe Halsweh. Mir ist auch so zittrig. Ich glaub', ich hab' Fieber ..."

So hatte es ja kommen müssen! Nun

stand, nein lag ich da, fern der Heimat, mit einem Pflegefall!
Fräulein Bofenfelder stand barfüßig wie ein barocker, zugleich aber etwas jämmerlicher Engel für Erwachsene in meiner Tür und gab eine eigentlich attraktive Silhouette ab. An den Umrissen trug der Engel irgend etwas Flattriges, ein für Dezembernächte in ungeheizten französischen Dorfherbergen völlig ungeeignetes Fummelding. Ich wunderte mich, dass sie sich nicht in vollem Ornat schlafen gelegt hatte, wie gestern im Schlafwagen.
Ob ich aus dem Auto ihren Mantel und meinen Anorak holen oder ihr meine Decke spendieren sollte, fragte ich sie, zusätzlich zu der ihren?
„Aber dann haben Sie ja keine," krächzte sie, „und das würde sicher auch nicht viel nützen, glaub' ich..."
Was also würde nützen, fragte ich mich. In jedem Fall musste ich ihr junges Leben retten! Ich trug als Chef und Reiseleiter für Fräulein Bogenfelder schließlich einige Verantwortung!
Ich stieg aus meinem Bett, schloss die Tür hinter ihr und stellte fest, dass sie zitterte, fast schüttelfrostig. Ich musste sie nicht lange überreden, das von mir – in ihrem Interesse – erfundene Gelübde zu brechen und zu mir unter die bestens angewärmte Decke zu schlüpfen. Es erging eine weitere der heute so zahlreich auf dem kurzen Dienstweg und obendrein außerhalb der vereinbarten Geschäftszeiten erteilten Anweisungen. Fräulein Bogenfelder folgte ihr. Vorher erbat sie noch einen Schluck Leitungswasser. Wie gut, dass mein Komfortsalon mit einem Wasserhahn ausgestattet war, ein Luxus, den es in der Wohnstube der Wirtsleute gewiss nicht gab.
Die Barmherzigkeit der Finsternis erlaubte es Fräulein Bogenfelder, sich als Hospitantin in meine mollig-warme Bettstatt und damit mir zur Seite zu legen. In nicht allzu großer – nein: in überhaupt keiner Distanz. Ihre Füße, die sich sogleich mit den meinen kurzschlossen (sie kannten einander inzwischen ja gut genug und sagten sicher Du zueinander), waren jetzt wieder so kalt wie bei der Abreise aus Paris. Fräulein Bogenfelders Stirn, ihre Hände und ihre Wangen hingegen waren glühend heiß. Die Temperatur aller dazwischen liegenden Partien registrierte ich als extrem unterschiedlich, soweit ich mir erlaubte, diese Registratur unter Auferlegung sich geziemender Zurückhaltungen vorzunehmen. Die kalten bis sehr kalten Stücke (ein Student der Anatomie oder auch ein Metzger hätte präzise benennen können, was ich meinte) überwogen, prozentual. Aber dort. wo sich bei den meisten Mädchen das Herz befindet, nahm ich bei Fräulein Bogenfelder einen extrem heißen Fleck wahr – wie beruhigend und sympathisch zugleich.
Warum ich gerade jetzt an den Hupenknopf im Citroën denken musste? Morgen würde ich ihn gewiss irgendwo ertasten.
Jetzt nieste sie mir auch noch mehrmals in die Schlüsselbeingegend. Ein leichtes Schütteln ging wellenartig durch ihren kaltheißen Körper.
„Bogenfelderin, Sie haben sich ganz schön erkältet!"
„Wahrscheinlich hab ich das," sandpapierte es zwischen klappernden Zähnen hervor.
Fräulein Bogenfelder nieste sich noch ein paar Mal in meinen schützenden Armen aus, bis wir uns zu einem Temperaturtauschpaket, wie und welche der vielen

Quadratzentimeter sollte ich zuerst wärmen, welche zuerst kühlen, zusammengebündelt hatten. Erst war ihr oben herum heiß und unten eiskalt, dann überzog plötzlich eine Gänsehaut ihren Rücken und der Glühstrom kehrte sich um.

Als Musterbeispiel homöosympathischer Experimentalmedizin verharrten wir bis zum Morgengrauen nicht völlig schlaf-, aber immerhin einigermaßen regungslos, von Fräulein Bogenfelders leichten Schüttelanfällen abgesehen. Unsere Nachtgewänder waren schweißdurchnässt. Weil es Winter war, graute der Morgen erst so gegen neun. Die Atemzüge meiner Patientin waren jetzt zwar gleichmäßig, aber etwas hochfrequent. Hauptsache, sie hält noch ein paar Stunden durch und erweist sich als transportfähig, dachte ich, und auch, dass ich in der nächsten Ortschaft nach einer Apotheke fragen oder ihr einen dicken Pullover kaufen sollte.

Mit fünfzig Prozent meiner Belegschaft also (welch seltsam zutreffende Bezeichnung) hatte ich das grand lit geteilt als wäre es ein petit lit. Bei denen, die von unserer Exkursion wussten, würde es ein schönes Gerede geben! Aber das würde es ohnedies, ganz gleich, ob wir beide gesund und munter oder grippekrank und fiebrig nach Hause kamen.

Nach Hause kamen wir dann bald. Bei sonnigem, aber schneekaltem Zehn-Grad-minus-Winterwetter. Auf freier Strecke konnte man mit dem Citroën auf Tempo hundertzehn, hundertzwanzig gehen – fabelhaft! Was für ein toller Wagen!

Fräulein Bogenfelder saß wieder quer auf dem Beifahrersitz, die Füße unter meinem rechten Oberschenkel. Dazu hatte sie fast den kompletten Inhalt, soweit textiler Beschaffenheit, meiner Reisetasche über sich und ihr dünnes Kostümjäckchen gestreift, über allem trug sie mein Jackett samt Brieftasche, darüber meinen Anorak und ganz oben ihren Mantel, meinen Schal um den Hals.

Ich hingegen fühlte mich sehr wohl, sogar im Hemd, ohne Jacke und spürte – noch? – nicht die geringsten Anzeichen eines Schnupfens. Ich eilte gen Deutschland, so schnell es die Straße erlaubte. Zum Glück ließ sich die Zolldeklaration an der Rheinbrücke bei Kehl in weniger als einer halben Stunde abwickeln. Ich hatte alles dabei: Versicherungsnachweis, den von Fräulein Bogenfelder so sauber getippten Kaufvertrag, Einfuhrerklärung, rote Kennzeichen. Am Kiosk besorgte ich zwei Pappbecher heißen Tee, eine Tafel Schokolade sowie eine Tüte Eukalyptusbonbons, Sorte „extra scharf".

Zwischen Rastatt und Karlsruhe entdeckte ich dann zufällig sogar den Hupenknopf in diesem Auto. Fräulein Bogenfelder freute sich mit mir, als ich ihn ihr zeigte. „Darf ich auch mal?" näselte sie und beugte sich zu mir herüber, winkelte dabei ihre hübschen Beine noch ein wenig mehr an, bohrte mir dabei ihre Knie in die Rippen, atmete mir einen Eukalyptushauch, Sorte „extra stark", entgegen und langte übers Lenkrad links zum Lichtdrehschalter, den man zum Signalgeben drücken kann. Ich musste aufpassen, mich durch diese Freistileinlage nicht allzu sehr von meiner Aufgabe als Ambulanzchauffeur ablenken zu lassen. Ihr Glühgesicht berührte kurz meins, rein zufällig, bien entendu, wenn auch ganz und gar nicht so wie bei unserem Versuch der Heilschlafübung letzte Nacht, dennoch ausreichend für einen neuerlichen Bakterienübergang. Selbst die schärfsten Eukalyptusbonbons

konnten das wohl kaum verhindern. Jede Menge der Bogenfelderischen Grippeereger hatte ich vermutlich ohnehin längst erwischt, auch wenn sie sich derzeit noch hinterhältig inkubierten.
Der Citroën beschrieb durch Fräulein Bogenfelders Eingriff ins operative Fahrgeschäft und meine temporär verlagerte Aufmerksamkeit eine leichte S-Kurve. „Hoppla," sagte die eukalyptische Bakterienbombe mit tonloser Stimme. „Jetzt habe ich ihn wohl ein bisschen ins Schlenkern gebracht. 'Schuldigung". Und trötete zweimal. „Klingt klasse!" Der Mann mit Hut im roten Opel Kapitän vor uns trat erschrocken aufs Gas.
Für die nächsten hundert Kilometer versank der Inhalt des Kleiderhaufens neben mir wieder in verschnupfter Lethargie. Kein Zucken der Zehen, kein Niesen mehr. Kein gutes Zeichen! War sie noch am Leben?
Der Krankentransport meiner Privatpatientin endete vor der Tür ihrer Eltern. Ich besuchte sie am nächsten Tag, um meine Leihgarderobe abzuholen, brachte eine Schachtel hochwirksame Vitaminpastillen sowie eine Blume für die Frau Mama mit.
„Tut mir alles so leid. Sie würden mich sicher nicht noch einmal mitnehmen, nicht?"
„Sicher doch, Fräulein Bogenfelder! Aber Sie sollten sich auf der nächsten Reise wärmer anziehen."
Zwei Braunaugen unter schweren Lidern glitzerten mich an: „Herr Landreich, Sie können mich Kathi nennen – ich meine, wenn Sie möchten ...?"
Ein paar Tage hatte ich Zeit, mir das zu überlegen, denn so bald würde sie im Büro wohl nicht erscheinen. Zunächst musste ich mir eine große Packung Tempotücher besorgen: Ich bemerkte, dass ich eine Erkältung eingefangen hattee – weiß der Kuckuck woher – und mir die Nase lief und die Augen tränten und vor ihnen kleine rote Punkte hüpften. Ich deutete das als alarmierende Zeichen für den Beginn einer schlimmen Krankheit.
Übrigens: Mit einer Heizung war der Citroën durchaus ausgestattet, wie ich einige Zeit später feststellen konnte. Man hätte durch einen kleinen Hebel im Motorraum die Kühlwasserzirkulation an einem ins Wageninnere führenden Schlauchstück auf „Hiver" umstellen müssen, und schon wär's zumindest fußwarm geworden.
Vielleicht hätte ich ein solches Hebelchen oder andere zur Temperaturregulierung geeignete Bedienungselemente auch bei Fräulein Bogenfelder entdeckt, wäre ich damals bloß auf den Gedanken gekommen, bei ihr danach zu suchen!

Fotograf Frank Kotzerke faszinierte die respekteinflößende Front des 15CV mit Zubehör

„einem heimischen Schwimmvogel nicht unähnlich“

Wie aus dem hässlichen Entlein eine stolze Ente wurde

von Ingo Meier

Es gibt Bezeichnungen, die derart selbstverständlich erscheinen, dass sie kaum hinterfragt werden. So wissen sogar Citroënnisten häufig nicht, dass der Ausdruck „dasselbe in grün" von einem Prozess stammt, welchen das Unternehmen Citroën in den 1920er Jahren gegen die Firma Opel führte. Die Rüsselsheimer hatten mit ihrem stets grün gelackten Opel Laubfrosch ohne Lizenz eine Kopie des zumeist gelb lackierten Trèfle gebaut, eben „dasselbe in grün".

Ähnlich verhält es sich mit dem Namen Ente als Synonym für den 2 CV. Wahrscheinlich ist der Mehrzahl der Deutschen der Name 2 CV sogar weniger geläufig als die Bezeichnung Ente. Ein Phänomen, das sich übrigens auch beim Käfer findet, denn die Verkaufsnamen VW 1200, VW 1300 etc. fallen heutzutage eher in den Wissensbereich automobilinteressierter Menschen. Unter einem Käfer oder einer Ente hingegen kann sich fast jeder etwas Konkretes vorstellen. Und es soll sogar Deutsche gegeben haben, die beim Frankreichurlaub verwundert feststellen mussten, dass Franzosen beim Wort „canard" häufig an Ente in Orangensauce, niemals aber an ein Auto denken. Doch wie entstand eigentlich aus dem nüchternen französischen Bauernauto 2 CV das deutsche Kult-Gefährt Ente? Fest steht, dass die Ente, als sie das erste Mal bei uns „nistete", noch klein und hässlich war, eben ein hässliches Entlein, doch davon später mehr.

„Ich will hier nicht für meinen Wagen werben, weil das doch nur Ärger nach sich zieht, doch ich kann andeuten, dass er einem heimischen Schwimmvogel nicht unähnlich sieht." Als der Liedermacher Ulrich Roski Anfang der 1970er Jahre in seinem Lied „Aufforderung zum TÜV" in der ihm eigenen Art einen Besuch beim Technischen Überwachungsverein schilderte, reichte die Anspielung auf den heimischen Schwimmvogel als Typangabe völlig aus. Zu dieser Zeit hatte sich Ente als umgangssprachliche Bezeichnung für den 2 CV bereits so weit durchgesetzt, dass dieser Begriff, neben dem Hinweis auf das Nonkonformisten- und Individualisten-Image des „Studentenautos", zum Standardrepertoire jedes deutschen Artikels über den 2 CV gehörte. In den 1960ern hier zu Lande noch eine Art Liebhaberauto, entwickelte sich der 2 CV erst nach 1968 auch in unseren Breiten zu einem Massenprodukt. Zwischen 1968 und 1971 verfünffachten sich die Verkaufszahlen in Deutschland. Parallel zu dieser Entwicklung fand der Name Ente über einen Insider-Gebrauch hinaus Aufnahme in den allgemeinen deutschen Sprachschatz.

Um so mehr verwundert es, dass diese sprachliche Realität nur bedingt Eingang in deutsche Wörterbücher gefunden hat. So kennt Dudens *Deutsches Universalwörterbuch* selbst in seiner aktuellen Ausgabe neben der zoologischen Bedeutung des Wortes Ente, lediglich die „Zeitungsente" und ein gleichnamiges „Uringefäß für Männer". Hinzu kommen die „kalte Ente" und die „lahme Ente" als Bezeichnung für ein „langsames Fahrzeug mit schwachem Motor". Das „häßliche Entlein" kennt das Wörterbuch, unter Verweis auf das gleichnamige Märchen von Hans Christian Andersen, als „umgangssprachlich-scherzhaften" Ausdruck für ein „häßliches junges Mädchen". Die automobile Bedeutung des Wortes Käfer ist den Herausgebern übrigens ebenfalls entgangen, doch zumindest kennen sie dann wieder den „flotten Käfer".

Mit Namensgebungen wie „Herr Hulot“ wurde eine emotionale Bindung hergestellt (hobby 1962)

Das Deutsche Wörterbuch in 6 Bänden von Brockhaus Wahrig kennt den Begriff Ente auch als „umgangssprachlich-scherzhafte“ Bezeichnung für einen „Kleinwagen vom Typ Citroën 2 CV“, das „häßliche Entlein“ hingegen nur als Bezeichnung für ein „häßliches junges Mädchen“.

Weiterreichende Informationen bietet einzig das *PONS Wörterbuch der deutschen Umgangssprache* von 1987. Dort bezeichnet das Wort Ente ab zirka 1965 in der deutschen Umgangsprache den „Citroën 2 CV 4“, die 600ccm-Versionen wären ornithologisch demnach unerfasst! Auch das Wörterbuch der Umgangssprache listet die „lahme Ente“ als Bezeichnung für ein langsames Auto auf, hinzu kommt jedoch die „alte Ente“, welche in der Jugendsprache der Fünfziger und frühen Sechziger eine abwertende Bezeichnung für ein altes Auto darstellte. Das „häßliche Entlein“ findet sich hier gleichfalls, zum einen als eine ab 1960 gebräuchliche Bezeichnung für ein „Kleinauto: Es schaukelt so stark wie eine watschelnde Ente“, zum anderen als Name für den „Citroën 2 CV: Er schaukelt stark, und seine Karosserie ist rückwärts hochgebaut“.

Glaubt man letzterem Wörterbuch, so haben Ente und hässliches Entlein als Bezeichnungen für den 2 CV zeitgleich ab Mitte der Sechziger Eingang in die deutsche Umgangssprache gefunden. Der Begriff hässliches Entlein verbreitete sich jedoch ohne Zweifel schon einige Jahre früher. Bereits 1956 lässt er sich erstmalig in einem deutschsprachigen Zeitungsartikel nachweisen.

In jenem Jahr veröffentlichte die damals sehr populäre Zeitschrift *hobby* einen humorvollen Bericht zum Citroën 2 CV in Form einer Foto-Geschichte. Die Story ist einfach zusammengefasst: Ein Reporter wird von seinem Mechaniker zu einer Probefahrt im 2 CV eingeladen, wobei seine anfängliche Skepsis nach und nach in Begeisterung umschlägt. Aussagekräftiges Zeugnis in unserem sprachgeschichtlichen Kontext bilden die abschließenden zwei Sprechblasen. Auf die Frage, ob der „Herr Reporter“ sich vom „goldenen Herzen des häßlichen Entleins“ überzeugt habe, gelobt dieser „in Zukunft nicht alles nur nach der glänzenden Hülle“ zu beurteilen. Schon in diesem kurzen Ausschnitt zeigt sich die poetische Verklärung, welche, bei entsprechender Sympathie für das Auto, mit dem Ausdruck hässliches Entlein einhergeht. Im Andersenschen Märchens geht es unter anderem darum, die Dinge nicht nach dem äußeren Schein, vielmehr nach ihrem Kern zu beurteilen. So wie die Tiere im Märchen das Entlein, weil es anders ist, ablehnen, reagierten die Zeitgenossen auf den 2 CV: „Als er in Deutschland noch neu war, blieben Spießer und Kinder auf der Straße stehen, zeigten mit den Fingern auf ihn und blökten wie die Hammel“ (MOT 5/61).

Die Zeitschrift *ADAC-Motorwelt* dürfte wahrscheinlich über jeden Verdacht einer poetischen Verklärung des 2 CV erhaben sein. Im Februar 1959 veröffentlichte sie den Artikel „Citroën 2 CV – das häßliche Entlein“, bei welchem schon im ersten Absatz deutsche automobile Vernunft über etwaige Sentimentalitäten triumphiert: „Diese Fahrmaschine hat in Deutschland keinen Markt und wird auch gar nicht ernsthaft angeboten, denn soviel mattgrau gelackte Häßlichkeit verkauft sich für etwa 4750 DM schlecht, wenn überhaupt“ (Motorwelt 2/59).

Die zitierte Bezeichnung des Vereinsorgans für das „kuriose vierrädrige Gebilde“ (ebenda) besitzt zu dieser Zeit schon Tradition in der deutschsprachigen Automobilpresse. So hieß es bereits im Oktober 1950 in einem Bericht der *Motor-Rundschau* über den Pariser Salon: „Zum drittenmal wurde auf dem Pariser Salon der 2 CV gezeigt. Wir sagen absichtlich ‚Fahrmaschine‘, denn im Gegensatz zum Renault (gemeint ist der 4 CV, Anm. d. Hrsg.) wirkt er häßlich und primitiv, wie ein Wagen, dem die Lackierung, die farbige Polsterung und die Verchromung fehlen“ (MR 20/1950).

Ungeachtet aller Bewunderung der Journalisten für die Konstruktion des 2 CV, *Auto, Motor und Sport* nannte ihn gar „eine Meisterleistung der Ingenieurskunst“ (AMS 12/54), kam bis in die 1960er Jahre kein Bericht über den 2 CV

Französisches Schlachtroß: **Citroën 2 CV**

Im Laufe unseres Jahrhunderts sind mancherlei kuriose Autos auf die allzeit geduldigen Räder gestellt worden. Kaum eines ist kurioser als der Citroën 2 CV, der deux-chevaux, sprich Dösch' woh. Und kein kurioses Auto war je erfolgreicher: 18 Monate Lieferzeit muß man abwarten, ehe man seinen für 420 000 ffrs – 4180 DM – nicht gar so billigen 2 CV bekommt. 800 Stück werden am Tag gebaut. Preis in Deutschland ab 4750.– DM.
Das „Schlachtroß“ (cheval de bataille) entstand dem Vernehmen nach zum Privatgebrauch der Citroën-Versuchsabteilung. Da kam es auf Schönheit nicht an, schlechte Zeiten waren auch, die funktionelle Schlichtheit eines Militärfahrzeugs war vollgültiger Maßstab für ein ökonomisches Auto. Möglichst einfache Karosserie, auch in der Gestaltung der Einzelheiten simpel an der Grenze der Primitivität, möglichst wenig gewölbtes Blech. Vier Personen sollten aufrecht sitzen, um und über sich reichlich Luftraum haben, damit sie unter heißem Himmel nicht schwitzten, hinter sich noch Platz für allerlei Gepäck, Kofferraum mit einer Fortsetzung des Rolldachs abgedeckt, wie dieses teilweise zu öffnen (Rückfenster fest). Verwegen simple Verdeckarretierung bei teilweisem Öffnen – warum nicht; löst sich's, kann ja einer aussteigen und es wieder festmachen. Daß man Rolldach und Gepäckraumabdeckung von außen öffnet, wird Diebe erfreuen. Na wenn schon: Paßt man eben auf sein Auto auf oder läßt nichts wertvolles drin. Wie leicht sich doch manche Probleme lösen lassen ...
Die vorderen Seitenscheiben sind horizontal geteilt, die untere Hälfte ist aufklappbar, Halterung unten einfach mit einschnappender Blechnase, in aufgeklappter Stellung schiebt sich oben ein Stift in einen durchlöcherten Gummipfropfen, Fenster fällt gern noch mal herunter, kein Kenner hat aber die Finger dazwischen. Auch beim Türschließen hält man das aufgeklappte Fenster fest – pourquoi pas. Lüftung: Wie schön waren einst die aufklappbaren Windschutzscheiben. Noch einfacher ist eine Klappe unter der Windschutzscheibe. Da sausen die Fliegen herein, also machte man eben einen Maschendraht in die Öffnung. Sie sausen trotzdem, regnen in gestorbenem Zustand auf den Fahrer. Pourquoi pas – man kann die Klappe ja auch zulassen, macht eben das Dach auf. Wenn es regnet, läßt man es zu, die Klappe auch, die Fenster auch. Es wird ja nicht lange regnen? Winter? Heizung und Defroster sind vorhanden. Dennoch ist es luftig. Aber der Winter ist ja auch nicht lang. Warum ist das Tachometer so ganz hoch links an der Windschutzscheibe? Weil die Tachometerwelle auch die Scheibenwischer betätigt! Und wenn das Auto steht? Dreht man sie mit der Hand, Drehknopf vorhanden! Und der Drehknopf links unten? Mit dem stellt man die Scheinwerferneigung ein, der Wagen ist ja mehr oder minder vorgeneigt, ganz nach Belastung. Primitive Türschlösser ohne Doppelarretierung machen die hinten angeschlagenen Vordertüren gefährlich – ah ça: richtig zumachen. Innenbeleuchtung doppelt – gut. Aber mit lose hängenden Kabeln, pourquoi pas: Da oben kann doch niemand drauftreten!?
Ironie kann bösartig sein; sie ist es nicht, wenn man sie dem 2 CV widmet. Er ist so: kein bierernst nachgemachter Straßenkreuzer voll falscher Repräsentation, kein brillanter kleiner Renner, sondern eben ein Beförderungsmittel für Stahlrohrsessel mit Leuten, die darauf nicht schlecht sitzen. Ist auch die Lehnenneigung für den Fahrer nicht ideal, so um so mehr für die Mitfahrer. Und die Gummiband-Sitz- und Rückenflächen sind nicht weniger komfortabel als ein schwellendes Polster, man braucht sich ja nicht so zu setzen, daß man die Rohre spürt. Und wie bequem hat der Fahrer alles zur Hand, was er zur Hand haben will: Lenkrad aus Blech, von dem der Lack gern abspringt, aber handgerecht, Schalthebel mit riesigen Schaltwegen, seltsames Schiebe-Schaltschema, aber synchronisierte Schaltung, völlig weich und leichtgängig. Sonstige Bedienungsorgane ebenfalls leicht zur Hand, Fußhebel richtig; kein Grund zur Unzufriedenheit.
Man läßt den Motor an – braves Brummen ertönt, an wackere Zweizylindermotorräder erinnernd, ein herzhafter, nie lästiger, nie zu lauter Klang. Der Fahrer rückt den Gang ein; der Anfänger erschrickt, denn der Kenner trat die Kupplung dabei nicht. Mit Recht: Die Fliehkraft-Anfahrkupplung, die erst bei 1000 U/min kraftschlüssig wird, erspart das Auskuppeln. Man kann aber auch normal kuppeln; die Anfahrdrehzahl liegt ohnehin über 1000 U/min. Beim Durchschalten braucht man deshalb den Kupplungshebel wie üblich. 425 ccm, 12,5 PS bei 4200 U/min, man erwartet müdes Tuckern. Aber die Beschleunigung ist

Heft 19 1958

25

Zu den spektakulären Namen passten dramatische Fotos, hier *Auto, Motor und Sport* 19/1958

ohne einen Hinweis auf dessen Hässlichkeit aus. Gleichzeitig schien es damals unter den deutschen Autozeitschriften eine Art Wettbewerb mit dem Ziel gegeben zu haben, einen möglichst originellen Namen für den 2 CV zu finden. So schrieb *Das Auto* in Ausgabe 24/1950 vom „französischen Lloyd“ und „Cheval de bataille“, *Auto, Motor und Sport* kreierte die wenig schmeichelhafte Bezeichnung „häßliche Chausseewanze“ (AMS 12/54) und Fritz B. Busch fand, dass „Clochard“ dem 2 CV am ehesten gerecht werde (AMS 2/60). Den letzten Versuch einer eigenen Namensgebung unternahm Dr. Paul Simsa, der 1958 noch einmal das „Schlachtroß“ aufgriff (AMS 19/58), um dann 1961 in *MOT* den Namen „Ferdinand“ (MOT 5/61) vorzuschlagen. Ein Jahr später bezeichnete *Der Spiegel* den 2 CV als „rollende

CITROËN
DS 19
DS 19
ID
REIBUNGSSTOSSDÄMPFER
TRÄGHEITSSTOSSDÄMPFER

Nissenhütte", damit nicht genug im Anschluss auch noch als „metallenen Neanderthaler" (Spiegel 22/62).
Inwieweit es vielleicht persönliche Eitelkeiten der Autoren waren, die ein Übernehmen des Begriffes hässliches Entlein verhinderten, sei dahingestellt. Fest steht jedoch, dass die häufige Verwendung dieses Ausdrucks in den damals weit verbreiteten Zeitschriften *hobby* und *ADAC-Motorwelt* mit Sicherheit eine Popularisierung dieses Namens für den 2 CV zur Folge hatte. Zwischen beiden Zeitschriften ist jedoch ein deutlicher Unterschied in der Tonart auszumachen. Während *hobby*, welche aus ihrer Sympathie für den 2 CV nie einen Hehl machte, die Formulierung hässliches Entlein stets liebevoll gebrauchte, besitzt sie in der *ADAC-Motorwelt* einen eher negativen Beigeschmack.
Ein anderes Beispiel für einen positiv besetzten Gebrauch desselben Begriffs bot übrigens auch die Jugendzeitschrift *Bravo*. Dort hieß es 1965: „Das ‚häßliche Entlein' ist ein Auto zum Verlieben! Glaubt Ihr' s

Linke Seite:
Der Citroën-Stand auf der IAA 1959 führte den 2 CV offiziell in Deutschland ein, elf Jahre nach dessen Präsentation. Der zur Schau vorgestellte Name „Monpti" hielt sich nicht lange.

Unten:
Neben dem Standard-2 CV war in Deutschland besonders der AZL 3, hier ein Modell 1963, beliebt, der ebenfalls in Belgien produziert wurde

Mit belgischen Versionen begann der deutsche 2 CV-Verkauf, hier ein 1963er Standard-Modell auf dem Gelände von Citroën Deutschland in Porz

nicht, so lasst Euch damit durch die Gegend schaukeln! So bequem! So viel Platz! Und so lustig!" (Bravo 7/65)
Auch in der *Deutschen Automobil Revue* und in der *Motor-Rundschau* lässt sich für die Mitte der 1960er Jahre das hässliche Entlein nachweisen. In der Zeitschrift *MOT* findet sich dieser Begriff ebenso, dort jedoch ausschließlich in den Leserbriefen. Mitunter kam es in diesen zu fast absurden Anklagen von 2 CV-Fahren, die der Zeitschrift eine Mitschuld am weitverbreiteten Negativ-Image ihres Autos zuschrieben, ein sicheres Indiz dafür, dass der Begriff von vielen Menschen zu jener Zeit abwertend gebraucht wurde. So schrieb im Jahr 1964 ein gewisser „P. W. in B." empört: „Ob ein Wagen häßlich ist, hängt nicht zuletzt von ständiger Suggestion ab. Und ich glaube, PS (Autorenkürzel von Paul Simsa, Anm. d. Verf.) war es, der den Ausdruck ‚häßliches Entlein' kreierte" (MOT 12/64).
Gerade im Falle von Dr. Paul Simsa fällt dieser Vorwurf besonders ungerecht aus. Denn in keiner deutschen Zeitschrift der 1960er Jahre zeigte sich der 2 CV so präsent, wie in der *MOT*, und kaum ein

deutscher Automobiljournalist testete den 2 CV so unvoreingenommen wie deren Chefredakteur Simsa, der im übrigen den Begriff hässliches Entlein in seinen Artikeln nicht ein einziges Mal benutzte. Frei von jeglichen sentimentalen Bindungen

Citroën-Club

Rundbrief Nr. 21
(März 1966)

Herausgegeben vom Citroën-Club · 62 Wiesbaden · Postfach 245

Liebe CCM!

Heute ist der 8. 3. Soeben wurde das Manuskript für dieses Heft abgeschlossen und zur Druckerei geschickt.
Ende dieser Woche senden wir an die 164 interessierten CCM das Programm für unsere Osterfahrt nach Rennes.
Am Sonntag hat mich meine Frau verlassen, um die vorgesehene Strecke abzufahren, Hotelpreise, einen ständigen CCM-Treffpunkt in Rennes und anderes zu erkunden.
Wer sich nicht angemeldet hat, aber noch teilnehmen will (übrigens 6 CCM haben Rennes-Unterlagen verlangt, aber ihren Absender vergessen), hat jetzt nichts anderes zu tun, als zu versuchen, am Ostersamstag, 9. April, zwischen 9 und 10 Uhr in Sézanne, Place du Champ Benoist einzutreffen. Dort ist allgemeiner Sammelpunkt für die aus allen Richtungen ankommenden Teilnehmer.
Wir fahren dann über Fontainebleau, Orleans, Le Mans, Laval, Vitre nach Rennes. Die Werksbesichtigung ist Osterdienstag, 12. 4. um 9.30 Uhr. Rennes ist bekanntlich die Hauptstadt der Bretagne von der Chateaubriand gesagt hat, der Frühling ist hier klarer, strahlender und beginnt früher als anderswo!
Unser Bild zeigt den Justizpalast von Rennes. Wir empfehlen allen Rennes-Fahrern, mit einem Postkärtchen vom Verkehrsbüro in Rennes (Frankreich) Place de la Republique Prospekte von Rennes und von der Bretagne zu verlangen. Sie erhalten dann sehr schöne und interessante Unterlagen. —
Gute Fahrt, viel Sonne und viel Vergnügen!

Ihr

Linnemann

● **CCM Heydenreich 6374 Steinbach,** Bahnstr. 20, hat ami 6 (1964) 48.000 km z. verk. 3.000,— DM. —
CCM Ammon ist vom 2 CV auf ami 6 Break umgestiegen: „Es ist ein prächtiges Auto!" —
CCM Riecker Stuttgart schreibt: „Natürlich wird es Ihnen entgangen sein, daß ich seit 2 Jahren keinen Citroën mehr fahre, aber ich möchte auch 1966 gerne CCM bleiben". O. K. CCM Riecker! —
4 Manuskripte, darunter auch den außerordentlich interessanten Bildbericht von CCM Lohmann „10.300 km mit dem 2 CV durch Rußland" sowie Bilder und Bericht von CCM Höfling über seinen 2 CV Wohnanhänger, mußten wir leider auf das nächste Heft verschieben. —
Die Dortmunder CCM treffen sich an jedem 2. Donnerstag im Monat im Wilhelmshof, Wilhelmstr., 20 Uhr. — Die Berliner CCM kommen am 1. Donnerstag des Monats im Stadtkrügel, Berlin-Friedenau, Südwestkorso Ecke Taunusstraße, zusammen. —
Er hält seine Termine nicht ein, läßt sich am Telefon verleugnen, auch wenn er daneben sitzt, was ich mit eigenen Augen gesehen habe. 8 Tage dauerte das Auswechseln eines Nadellagers. Jeden Tag hieß es „Morgen ist er bestimmt fertig" schreibt uns ein Berliner CCM über eine Werkstatt. Wir wollen den Namen nicht nennen, versichern aber, daß wir von dieser Firma selbstverständlich keine Anzeige aufnehmen. Alle Inserate sind von Werkstätten, die unsere CCM immer wieder als sehr empfehlenswert bezeichnen. —
CCM Peter Heider 44 Münster, Lange Ossenbeck 13, Ruf 5 39 35, bittet alle CCM im Münsterland um ein Kärtchen, die an einem monatlichen Treffen interessiert sind. CCM Heider hat eine Preisliste über lieferbare Zubehörteile zusammengestellt. Sie wird gegen Einsendung von 60 Pf. in Briefmarken kostenfrei zugeschickt. —
Die Plakette „Haha, ich war noch nirgendswo" ist vergriffen, eine Neuauflage in Arbeit. Auslieferung folgt in Kürze. Grüne und rotweiße C-Plaketten sind wieder lieferbar. Bitte Freiumschlag einsenden und 50 Pf. in Briefmarken beifügen.
Sie finden in diesem und in zukünftigen Rundbriefen folgende Einteilung: Vorne 2 CV, hinten ID/DS 19 und dazwischen ami 6 und Panhard.

● **Wollen oder wollten Sie uns nicht** ein kleines Manuskript, Bericht oder Brief, für den nächsten Rundbrief schikken?

● **Aus Rochester, N. Y. 14610—1165** Park Av. schickt uns James Whitney Yost einen Scheck über 5 Dollar und schreibt „schicken Sie mir dafür soviel CC-Rundbriefe wie möglich durch Luftpost. Ich holte meine DS mechanique im Juni in Paris ab, aber hatte nicht genügend Zeit, Ihnen zu besuchen. Ich ging 6000 km durch Deutschland, Tschechoslowakei, Jugoslawien, Italien, die Schweiz und endlich nach Le Havre. Gute Fahrt mit das Citroën-Club."

● **CCM in 44 Münster und Umgebung,** die an einem monatlichen zwanglosen Treffen interessiert sind, bitte ich um ein Postkärtchen. CCM Heider, 44 Münster, Lange Ossenbeck 13 oder Fernruf 5 39 35.

● **Es wurde angeregt, daß beim 6. CC-**Treffen und Geschicklichkeits-Turnier am 24. 9. 66 der beste Fahrer den Titel eines CC-Clubmeisters erhält. Wir sagen o. k.

● **„Uber die Aufnahme in den CC und** über die Zusendung mehrerer älterer C-Rundbriefe sowie Wagen-Plakette habe ich mich besonders gefreut. Ihrem Helfer, der mir ein SaSo-Kärtchen zugesteckt hat, herzlichen Dank auf diesem Wege" schreibt CCM Heinz-Bernd Schillings, 4102 Homberg, Hochfeldstr. 115.

● **Auch diesem Rundbrief liegen wieder** einige Werbekärtchen bei. Wollen Sie so freundlich sein und sie unter den Scheibenwischer von C-Wagen klemmen? Danke! (Gerne stellen wir Ihnen weitere Drucksachen zur Verfügung.)

● **Das Foto auf Seite 7 (von CCM Kö**nig, Bielefeld) zeigt einen Ausschnitt aus dem Marmorsaal in Bad Ems, wo die Preisverteilung und unser ‚Bunter Abend' stattgefunden hat. Am Mikrophon Kurt Reusing. —

Das Bild auf Seite 8 zeigt den originellen Wagen von CCM Graphiker Ultsch-Dortmund auf dem Parkplatz des Rheingauer Berghofes, Ziel unserer Korso-Fahrt beim 5. CC-Treffen. Die roten Geranien haben gegen den Fahrwind leicht protestiert. —

„Sagen Sie mal, bin ich denn wirklich so häßlich?"

Rechte Seite:
Im *Spiegel*, Ausgabe 52/1959 teilte Citroën das Ergebnis der 2 CV-Namenssuche mit: Monpti.
Links:
CC-Rundbrief 21, März 1966: „Die meisten 2 CV-Fahrer haben ein recht persönliches Verhältnis zu ihrer 'Ente'". Auf dem Titel fragt ein Entlein: „Sagen Sie mal, bin ich denn wirklich so häßlich?"

erkannte er ungeachtet aller Skurrilität durchaus harmonische Züge im Äußeren des 2 CV: „Man kann ihn häßlich oder lächerlich finden. Oder so stilvoll wie die Badezimmer-Armaturen in alten Hotels in Paris. Man kauft ihn trotz seiner Form, oder auch wegen seiner Form. Wer ihn häßlich findet und dennoch kauft, um Kleinbürger zu ärgern, liegt selbst nicht ganz richtig. Denn mit dem 2 CV ist es wie mit dem VW 1200/1300: die Linienführung ist auf ihre Art harmonisch. Ohne sympathische Züge gerade auch fürs Auge wäre der 2 CV nicht so weit gekommen, daß er nun 17 Jahre lang gebaut wird und alle Chancen hat, mindestens das Vierteljahrhundert zu erreichen, wenn nicht noch viel mehr" (MOT 3/66).
Simsas Urteil erscheint umso bemerkenswerter, als kurz zuvor ein Autor in der *Motor-Rundschau* den 2 CV noch als eines der „häßlichsten Autos, die je gebaut wurden", bezeichnet hatte (MR 23/65). Dem Text wurde ein persönlicher Kommentar vom Karikaturisten und MOT-Zeichner Urs beigefügt mit der Überschrift „Unser Zeichner Urs mag ihn." Dieser Beitrag des überzeugten 2 CV-Fahrers Lothar Ursinus fällt vor allem dadurch auf, dass der Verfasser darin explizit von „seiner Ente" spricht. Der gleiche Sprachgebrauch findet sich auch in der Zeitschrift des Citroën-Club, Wiesbaden, dem „Urs" ebenfalls angehörte. Jener Club, Vorgänger des heutigen André-Citroën-Club, Mainz, besaß am Ende der 1960er Jahre bereits 1600 Mitglieder. Er setzte sich damals noch mehrheitlich aus 2 CV-Fahrern zusammen.
Denkt man an das Simsa-Zitat, so war mit Sicherheit nicht nur die Sprachökonomie dafür verantwortlich, dass innerhalb dieser frühen 2 CV-„Szene" – ein Wort, das in der heutigen Bedeutung seinerzeit noch gar nicht benutzt wurde – aus dem hässlichen Entlein mehr und mehr das automobile Haustier Ente wurde.

Voilà: monpti

Zehntausende suchten einen treffenden Namen für einen vortrefflichen Wagen. Zehntausende beteiligten sich am großen Citroën-Preisausschreiben. Der neue Name für den Citroën 2CV ist gefunden.

* monpti

Zärtlichkeit und Anerkennung, Erstaunen und Bewunderung umschließt das französische Kosewort „Monpti".
Muß man ihn nicht gern haben trotz seines eigenwilligen Aussehens? Muß man ihn nicht bewundern ob seiner Kraft, seiner Tüchtigkeit und seiner federnden Gewandtheit?
Ja, man muß! Denn „Monpti" ist ein echter Citroën!

Standardausführung DM 3650,-	Luxusausführung DM 3950,-

CITROËN AUTOMOBIL AG Porz-Westhoven, Kölner-, Ecke Nikolausstraße.

* Der Name Monpti wurde in dieser Schreibweise von über 100 Teilnehmern vorgeschlagen. Die Preisträger wurden durch das Los ermittelt.

Von Karel Suyling stammte die Entenfigur, welche niederländische Käufer mit dem 2 CV erhielten

Zum Ende der Sechziger vertrieb der Citroën-Club einen ebenfalls von Lothar Ursinus gestalteten Aufkleber „Jawohl, ich behalte trotzdem meine Ente!“ Genau wie der damals weit verbreitete Aufkleber „Ihr Auto gefällt mir auch nicht!“ zeugen beide plakativen Selbstbekenntnisse davon, dass sich 2 CV-Fahrer wohl häufiger als ihnen lieb war mit Mitmenschen konfrontiert sahen, denen der poetische Gehalt des Begriffes hässliches Entlein eher fremd geblieben war.

Es verwundert in diesem Umfeld eigentlich kaum, dass Citroën Deutschland die Bezeichnung Ente zunächst mied wie der Teufel das Weihwasser. So gibt es in den 1960er Jahren nur zwei, von der berühmten Agentur Delpire gestaltete und aus dem Französischen übersetzte, Prospekte, die das hässliche Entlein überhaupt erwähnen. Gerade sie geben wertvolle Hinweise bei der Spurensuche.

Im März 1965 erschien ein Prospekt mit dem Titel „Erinnerungen“, darin ein Absatz, der die Kosenamen des 2 CV in verschiedenen Ländern gegenüberstellte: „In Deutschland und Holland nennt man ihn ‚kleines, hässliches Entlein‘, ‚pussycar‘ in England, in Argentinien ‚citroneta‘ und in Amerika ‚blue jeans-car‘.“ Zwei Jahre später hieß es dann im Plakat-Prospekt mit dem Titel „Die großen Stunden des 2 CV“ nur noch: „Kleine Ente ist der Kosename, den die Holländer dem 2 CV gegeben haben.“

Tatsächlich waren die Niederlande das erste Land, in welches der Wagen exportiert wurde. Dorthin kamen bereits 1952 aus Frankreich eingeführte 2 CV, welche auf Grund der andauernden Materialknappheit im Mutterland ihre Reifen und Batterien erst beim Citroën-Montagewerk im Brüsseler Vorort Forest/Vorst erhielten. Anders als erwartet, verkaufte sich der 2 CV zunächst schlecht, da sich die Niederländer weder vom Äußeren des Autos, noch vom damals für Kleinwagen

A-Seite der 2 CV-Schallpatte, die in den Niederlanden von Citroën 40.000 Mal verkauft wurde

unüblichen Frontantrieb besonders angetan zeigten. Noch im Dezember 1953 sah sich der Vorstand von Citroën Nederland auf einer Händlertagung zu der Erklärung genötigt, dass es sich beim 2 CV keineswegs um ein Übergangsmodell für schlechte Zeiten handele!

Anders als in Frankreich wurde der 2 CV in den Niederlanden von Anfang an nicht von Bauern und Geringverdienern gekauft, sondern von Menschen, die sich an der Konstruktion und der Technik des Autos begeisterten, eine deutliche Parallele zu den frühen Jahren des kleinen Citroën in der Bundesrepublik. Um den 2 CV zu popularisieren, organisierte der Direktor von Citroën Nederland, J. L. Froissart, am 20. Juni 1954 ein Treffen an der Rennstrecken von Zandvoort, bei dem auch die beiden 2 CV-Weltreisenden Jacques Cornet und Henri Lochon zugegen waren. Auf diesem 2 CV-Treffen lernte Citroën-Direktor Froissart den Gafiker

Der Text des Chansons von Annie M. Schmidt war auf die Rückseite der Plattenhülle aufgedruckt

Karel Suyling, einen Entenfahrer der ersten Stunde, kennen. Es war der Beginn einer wunderbaren Freundschaft, die dazu führte, dass Suyling für die niederländische Citroën-Filale bald sämtliche Werbemittel bis hin zur Weihnachtspostkarte gestaltete.

Die farbige B-Seite der Single „Het lelijke eendje" war aufwändig gestaltet wie eine Werbegrafik

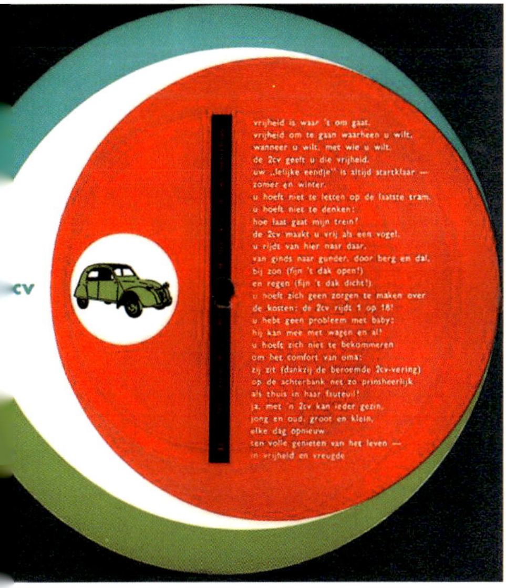

Suyling war Mitglied des niederländischen 2 CV-Club, der zwar offiziell erst im Januar 1956 gegründet wurde, doch als lockere Gruppierung bereits früher bestand. Der Club organisierte Ausfahrten und Treffen und gab eine Zeitschrift heraus, deren Titel „Het lelijke eendje" (Das hässliche Entlein) lautete. Genau wie im Deutschen ist auch im Niederländischen dieser Begriff ambivalent zu verstehen. Froissart und Suyling beschlossen, dem 2 CV zu einem neuen Image zu verhelfen, in dessen Zentrum ein positiv besetztes „lelijke eendje" stehen sollte

Ab 1958 entstand eine spezifisch niederländische 2 CV-Werbung, welche wortgewandte Texte von Hans Ferrée in den charakteristischen Schwarz-Weiß-Stil von Suylings Grafiken einbettete. Inhaltlich wurden, ähnlich wie in Deutschland, Sparsamkeit, Robustheit und nicht zuletzt auch automobiles Understatement am kleinen Citroën betont, mit dem wesentlichen Unterschied, dass das hässliche Entlein bei der niederländischen Werbung in Bild und Text stets präsent blieb.

Wie sehr Citroën Deutschland hingegen darauf bedacht war, jeden Bezug auf den heimischen Schwimmvogel zu vermeiden, beweist die Namenssuche im Jahr 1959. Wohlwissend, dass Assoziationen wie lahme Ente oder alte Ente kaum geeignet sind, ein ohnehin schwer verkäufliches Auto zu vermarkten, ging man in Köln genau den umgekehrten Weg zu Holland. Im April 1959 startete Citroën Deutschland nämlich ein Preisausschreiben, in welchem nach einem „treffenden volkstümlichen Namen" für den 2CV gesucht wurde. Das Rennen machte „Monpti", Titel eines Romans von Gabor von Vaszary. Seine Popularität in Deutschland verdankte der Name allerdings eher der Kinoversion mit Romy Schneider und Horst Buchholz. Der Film bewirkte, dass damals sogar mancher Zwergpudel diesen, für deutsche Zungen ungewöhnlichen Kosenamen trug.

Als Bezeichnung für den 2 CV setzte sich Monpti in Deutschland jedoch nicht durch. Was kaum verwundert, denn in der berühmten Anzeige „Voilà Monpti" vom Dezember 1959, die den „treffenden Namen für einen vortrefflichen Wagen" verkündet, wird im Grunde kein Monpti, sondern ein hässliches Entlein beschrieben. So fragen die Texter unsicher und fast schon entschuldigend: „Muß man ihn nicht gern haben, trotz seines eigenwilligen Aussehens?" (Spiegel 52/59). Nach einer anderen Quelle erfolgte die Einstellung des Namens Montpti, der immerhin so griffig klang, dass ihn *Der Spiegel* noch 1962 in einem Artikel zum Renault 4 anstelle der Typbezeichnung 2 CV benutzte, auf ausdrücklichen Wunsch der Citroën-Zentrale in Paris. Die Zeitschrift *Der Kleinwagen* testete nämlich im August 1960 einen „Citroën 2 CV belge", so französisch lautete der Titel. Den Testwagen hatten die Journalisten aus Porz bekommen und im Text heißt es: „Auf Grund eines Preisauschreibens, in dem für den ‚2 CV' ein Name gesucht wurde, hatte man ihn ‚Monpti' getauft. Wir fanden diesen Namen in jeder Hinsicht treffend und bedauern, daß er auf Wunsch der französischen Mutterfirma wieder ad acta gelegt werden mußte."

Erst ab Mitte der 1970er Jahre benutzte Citroën Deutschland übrigens den Begriff Ente dann auch in der Werbung. In den 1980er Jahren sollte er in deutschen Prospekten schließlich sogar zur Standardbezeichnung des Herstellers für den 2 CV avancieren.

Doch zurück ins Land der Tulpen und Eendjes: Seit März 1957 erhielten niederländische 2 CV-Käufer beim Erwerb eines „lelijke eendje" ein kleines Enten-Modell zum Anhängen an den Innenspiegel. Dessen Vorlage aus Balsaholz hatte ebenfalls Karel Suyling gefertigt. Eine kleine Ente erblickten die Leser übrigens auch, wenn sie den 1959 erstmalig vom ANWB, dem niederländischen Pendant zum ADAC, herausgegebenen praktischen Ratgeber für den 2 CV aufschlugen. In demselben Buch, einer Art „Jetzt helfe ich mir selbst", heißt es an anderer Stelle, dass der 2 CV „durch die Selbstkritik und den Humor seiner Hersteller und seiner

Fahrer den Namen ‚das hässliche Entlein' bekommen habe."
Den Gipfel der Lelijke-Eendje-Welle bildete schließlich ein gleichnamiges Chanson von Paul Chr. van Westering, dessen Text die in Holland sehr bekannte Kinderbuchautorin Annie M. G. Schmidt verfasst hatte. Die Schallplatte „Het lelijke Eendje" konnte für 36 Cent bei Citroën bestellt werden, eine Versuchung, der immerhin 40.000 Niederländer erlagen, weit mehr als damals einen 2 CV fuhren. Sogar die Single-Scheibe selbst hatte man farbig bebildert, was seinerzeit technisch hohen Aufwand bedeutete. Sie zeigte auf ihrer einen Seite den Kopf eines Entenkükens und weckte dadurch Sympathie.
Obwohl viele Indizien nahelegen, dass der Begriff hässliches Entlein aus den Niederlanden nach Deutschland importiert wurde, lässt sich dies nicht mit letzter Sicherheit belegen. Es könnte sich zufälligerweise auch um eine parallele sprachliche Entwicklung handeln. Mit weitgehender Sicherheit lässt sich hingegen feststellen, dass die Formulierung „lelijke eendje" im westlichen Nachbarland bereits einige Jahre früher verbreitet war als ihr deutsches Pendant. Dabei sollte jedoch nicht übersehen werden, dass es in Deutschland während der 1950er Jahre, bis auf einige wenige Privatimporte, überhaupt keine hässlichen Entlein auf den Straßen gab.
Für die Import-Theorie spricht, dass die Niederlande schon am Anfang der Sechziger ein beliebtes Reiseziel darstellten, insbesondere für die Bewohner des Westens der Bundesrepublik, welche seit Auslieferungsbeginn eine der höchsten Entenpopulationen besaßen (und noch besitzen). Hinzu kommt, dass auch zwischen den beiden Clubs, dem deutschen Citroën-Club und dem, nach seiner Zeitschrift zumeist „Het Lelijke Eendje" benannten, 2 CV-Club in Amsterdam Kontakte bestanden. Teilweise gab es sogar Doppelmitgliedschaften wie im Falle des Ehepaars Heider aus Münster, die Mitte der 1960er Jahre den ersten deutschen Ersatzteil- und Zubehörversand für den 2 CV gründeten. Dennoch sollte auch die Rolle, welche die damals weitverbreiteten Zeitschriften *hobby* und *ADAC-Motorwelt* bei der Popularisierung des Namens spielten, nicht unterschätzt werden. Wie das hässliche Entlein wiederum in die Redaktionsräume Süddeutschlands gelangte, muss weiterhin ungeklärt bleiben.

Bliebe noch die spannende Frage, wie der Begriff Ente denn ins Niederländische gekommen ist. Jan de Lange schreibt dazu in seinem wundervollen Buch *De Eend. Citroën 2CV in Nederland*: „Es scheint, dass ein niederländischer Journalist dort (gemeint ist der Pariser Salon von 1948, Anm. d. Verf.) den Wagen ‚das hässliche Entlein von Citroën' genannt hat, und dass diese Bezeichnung hängen geblieben ist."
Vielleicht ist die Frage nach der Urheberschaft der Verwendung des Namens Ente für den 2 CV jedoch genau so müßig wie die Frage, wer vor einem halben Jahrhundert erstmals den Begriff Rock'n'Roll benutzt hat ...

Kurze Karriere

Der Transporter H in Deutschland

von Ulrich Knaack

Leicht wird übersehen, dass die Marke Citroën zu den bedeutenden Nutzfahrzeug-Herstellern gehört. Insbesondere in der Klasse der von PKW abgeleiteten Kastenwagen sowie im Sektor der Kleinlaster und Transporter unter 3,5 Tonnen hatte die Doppelwinkelmarke stets mehrere und attraktive Angebote im Programm. Mehrfach sogar derart revolutionäre, dass Citroën mit Fug und Recht auch als Nutzfahrzeug-Pionier bezeichnet werden darf.

Ein erster, derartig technisch sensationeller Transporter war der Citroën TU, 1938 fertig entwickelt und kurz vor dem Krieg, der sein Ende bedeuten sollte, im Jahr 1939 ausgeliefert. Der TU, auch Camionette 850 genannt, basierte auf einer der umfangreichsten Marktanalysen, welche die europäische Auto-Industrie bis dahin erlebt hatte. Monatelang waren Citroën-Entwickler 1937 mit einem Prototyp im ländlichen Frankreich unterwegs gewesen, hatten Land-Bäcker, fliegende Händler, Bauern, Handwerker, Kleintransporteure und andere mögliche Benutzer eingehend zu diesem Transporter befragt und ihre Anforderungen an ein solches Fahrzeug beobachtet.

Typisch für das Unternehmen Michelin, dem die Firma André Citroëns seit Anfang 1935 gehörte, waren die Akribie und das umfangreiche Lastenheft, vor allem aber auch die im Vorhinein angestellten Preisberechnungen. Nichts blieb bei Michelin dem Zufall überlassen, nichts unerforscht. Heraus kam tatsächlich eine technische Revolution. Der TU von 1939 stellte nämlich mit seinem vollkommen ebenen, flachen Ladeboden, dem Frontantrieb und seiner Triebkopf-Bauweise, welche leicht andere Aufbauten ermöglichte, nichts Geringeres dar als die Basis aller heute noch aktuellen Transporter – ganz im Gegensatz zum später millionenfach verkauften VW-Transporter mit seinem für die Gewichtsverteilung ungünstigen Heckmotor und dem hinten völlig verbauten Laderaum.

Der TU, eine Abkürzung für „Traction, Utilitaire“, Frontantriebs-Nutzfahrzeug, basierte auf dem 1934 erschienenen Traction Avant, dem PKW 7 CV/ 11 CV, der in Deutschland als „Modell Front“ angeboten wurde. Der Zweite Weltkrieg und die deutsche Besatzung verhinderten ab 1941 vorzeitig die weitere Karriere des Citroën-Transporters, der im Export durchaus noch bis in die Endsechziger Jahre für Sensationen hätte sorgen können. Von seinen zwei Ausführungen TUB und TUC wurden nur knapp 1750 Einheiten gebaut, wahrscheinlich weniger als zehn überlebten.

Auch wenn noch einmal ein TUB auf dem Pariser Autosalon im Oktober 1946 gezeigt wurde, hatte hinter den Kulissen ab 1942 bereits die Entwicklung eines größeren Nachfolgers bei Citroën begonnen. Maßgeblich zeichnete und entwickelte ihn der Karosseriebau-Ingenieur Pierre Franchiset. Die Rede ist vom Trans-

Urahn der Citroën-Kastenwagen und Vorgänger aller heutigen Frontantriebs-Lieferwagen, der 1939er TU

porte H, in Deutschland fälschlich gern auch als „Wellblech-Citroën" bezeichnet. Tatsächlich hatte Herr Franchiset bis 1945 einen Transporter fertig entwickelt, der das damals bei Michelin beliebte, da kostengünstige 0,5 mm starke Blech verwendete. Um Steifheit in dieses dünne Material hineinzubringen, bedienten sich die Entwickler vielfacher Längs-Sicken. Doch wie Herr Franchiset betonte, mit dem in Wellrichtung labilen, durchgehend gewölbten Wellblech gleicher Stärke hatte das steife, an den Seiten flache Press-Stahlblech mit Längs-Sicken nichts zu tun. „Ich bediente mich weit gehend der gesickten Bleche, um die Steifigkeit zu erhöhen, ohne das Gewicht zu vergrößern. Die Deutschen hatten diese Technik 1932 ja bei Junkers für die Ju 52 angewandt."

Ein weiteres Karosserie-Detail kennzeichnete den neuen Citroën-Transporter auf den ersten Blick, die weit gehende Verwendung des „Yoder-Scharniers". Fast alle beweglichen Teile des Transporters H waren nämlich in ineinander geschobenen Blechscharnieren ohne Schrauben, Achsen oder Beschlägen aufgehängt. Diese billige, wirksame und äußerst reparaturfreundliche Technik hieß nach der Marke der Blechroll-Maschine. Sie war bei den Traction-Hauben erstmals eingesetzt worden und erfreute sich hernach im 2 CV und dessen Derivaten millionenfacher Verwendung.
Der H debütierte im Sommer 1947, stand auf dem Pariser Salon im Oktober jenes Jahres und wurde ab 1948 in Frankreich verkauft. Es gab ihn schon anfänglich in

zwei Ausführungen, als H mit 1200 kg Zuladung, und als HZ bzw. Camionette 850 mit ebenso vielen Kilogramm Zuladung. Zum Modelljahr 59 wurde im Herbst 1958 der H 1200 kg eingestellt, es erschien der HY der jetzt über 1500 kg Zuladung verfügte. Ab Januar 1960 war der Transporter auch mit Selbstzünder-Antrieb zu haben, und zwar mit einem Perkins-Diesel, Typ 4.99. Ab Oktober 1960 wurden dann auch standardmäßige Radstands- und Überhang-Verlängerungen ab Werk angeboten, die Aufbau-Palette war, typisch für ein Nutzfahrzeug, weit gefächert. Ab Februar 1962 konnten die H ab Werk zwei Schiebetüren bekommen, im Oktober veränderten sich ihre Felgen.

Oben: Der Prospekt des TU von 1939 und der erste H-Prospekt von 1948 ähneln einander noch stark

Unten: Seitenansicht eines deutschen HY vor Herbst 1962 mit alten Felgen in Porz-Westhoven

Einer der ersten HY, den Citroën Deutschland für eigene Zwecke zuließ, warscheinlich im Winter 1959

Ab Juli 1963 zeigten die Fahrerhäuser oberhalb der Türen fünf senkrechte Sicken. Zum 64er Modelljahr erschienen die HY- und HZ-Modelle mit Benzinmotor mit dem Zusatz 72, denn sie besaßen nun den aus dem ID/DS-Programm stammenden Aluminium-Zylinderkopf an Stelle des alten Traction-Gusskopfes. Bei Reduktion des Hubraums von 1911 auf 1628 ccm (statt 78x100 nun 72x100, daher die Typbezeichnung) leisteten die H-Benziner mit 42 PS nun mehr als die bisherigen 35, waren steuerlich in Frankreich nur noch als 9 CV statt zuvor 11 CV eingestuft. Eine Fülle weiterer Änderungen im September 1963 machten die H-Transporter reizvoll für Käufer: Neues rechteckiges Heckfenster, neue Motorhaube oben mit Längssicken, neue Lüftungsöffnungen links und rechts unten neben dem Kühlergrill, wobei die linke für die nur als Option erhältliche Heizung gedacht war. Hinten reichte nun eine Stoßstange wie vorne um die Wagenbreite herum.

Auch 1964 ging es mit der kontinuierlichen Modellpflege Schlag auf Schlag weiter. Im Februar erhielten alle H eine durchgehende Frontscheibe. Citroëns Entwickler hatten errechnet, dass der Mittelpfosten und die zwei Dichtungen der bisherigen Einzelfenster mehr kosteten als die Mehrkosten für eine durchgehende Windschutzscheibe, die auch noch die Sicht verbesserte. Die seit Herbst 1963 gelieferten Indénor-Dieselmotoren aus Frankreich leisteten nun mit 1810 ccm Hubraum 50 PS. Im Herbst

CITROËN — CITROËN

DS 19 - 1,9 Ltr., 75 PS . . . ~~DM 12.100.-~~ DM 12.500.-

ID 19 - 1,9 Ltr., 66 PS

Typ „confort" . . . ~~DM 9.700.-~~ DM 9.975.-

Typ „de luxe" . . . ~~DM 8.990.-~~ DM 9.265.-

Typ „Familiale" (7-sitzig) DM 12.100.-

Typ „Break" . . . . DM 12.100.-

Typ „Commerciale" . DM 12.100.-

2 CV - 425 ccm, 12 PS

Typ - B - AZ . . . . DM 3.650.-

Typ - B - AZL . . . . DM 3.950.-

Typ - „Weekend" . . DM 4.450.-

— . —

H - 1,9 Ltr., 56 PS (Kastenwagen)

Typ - HY - für 1500 kg DM 8.950.-

Typ - HZ - für 850 kg DM 8.850.-

Alle Preise gültig für Lieferung ab Werk Westhoven bei Köln

Oben: In deutschen Preislisten von 1959 standen HY und HZ, beide noch fälschlich mit 56 PS angegeben
Unten: In der 1963er Preisliste zeigte Köln größere Kenntnis, die 35 PS des H werden laut ABE noch zu 34

citroën DS19

Viertürige Limousine, 4-Zyl.-Viertakt-Motor, Hubraum 1898 ccm, 80 PS, Frontantrieb, 4-Gang-Getriebe, Scheibenbremsen vorn, Zweikreis-Servobremssystem,Servolenkung, hydropneumatische Federung, verstellbare Bodenfreiheit, Michelin „X"-Reifen, hydraulische Gangschaltung mit automatischer Kupplungsbetätigung durch Gangwähler.

Auf Wunsch Modell Mechanik mit mechanischer Gangschaltung und Kupplung.

DM 12390.-

citroën ami6

Viertürige Limousine, 2-Zylinder-Viertakt-Boxer-Motor, Hubraum 598 ccm, 24,5 PS, Frontantrieb, 4-Gang-Getriebe, hydraulische Bremsen, Michelin „X"-Reifen.

Standard DM 5150.-
Export DM 5350.-

citroën ID19

Viertürige Limousine, 4-Zylinder-Viertakt-Motor, Hubraum 1898 ccm, 66 PS, Frontantrieb, mechanische Kupplung und Gangschaltung, 4-Gang-Getriebe, Scheibenbremsen vorn, Zweikreis-Servobremsen, hydropneumatische Federung, verstellbare Bodenfreiheit, Michelin „X"-Reifen.

Export DM 10390.-

Servolenkung auf Wunsch + DM 400.-

citroën 2CV

Viertürige Limousine mit Rollverdeck, 2-Zylinder-Viertakt-Boxer-Motor, luftgekühlt, Hubraum 425 ccm, 16 PS, Frontantrieb, Fliehkraftkupplung, 4-Gang-Getriebe, hydraulische Bremsen, 4,8 Liter auf 100 km nach DIN 70030. Michelin „X"-Reifen. Luxe mit zwei zusätzlichen Seitenfenstern.

Standard DM 4090,-
Luxe DM 4490,-

citroën Kombi

Break

Technische Daten wie DS 19 Mechanik. Fünftüriger Kombi, 7-sitzig, (2 versenkbare Rücksitze), große ebene Ladefläche, Nutzlast 700 kg.

Familiale

Technische Daten wie DS 19 Mechanik. Fünftürige Großraum-Limousine, 8-sitzig (3 versenkbare Klappsitze).

Break Luxe DM 12500,-
Break Confort DM 12950,-
Familiale Confort DM 12950,-

citroën Kastenwagen

Frontlenker, 4-Zylinder-Viertakt-Motor, Hubraum 1898 ccm, 35 PS, Frontantrieb, 3-Gang-Getriebe, vollnutzbare ebene Ladefläche 3,2 m², (35 cm über dem Boden). Vollnutzbares Ladevolumen 7,3 m³, Laderaumhöhe 1,83 m, eine hintere und eine seitliche Tür mit einer außergewöhnlich hohen lichten Öffnung von 1,55 m.

HY 1500 DM 9900,-
HZ 850 DM 9700,-

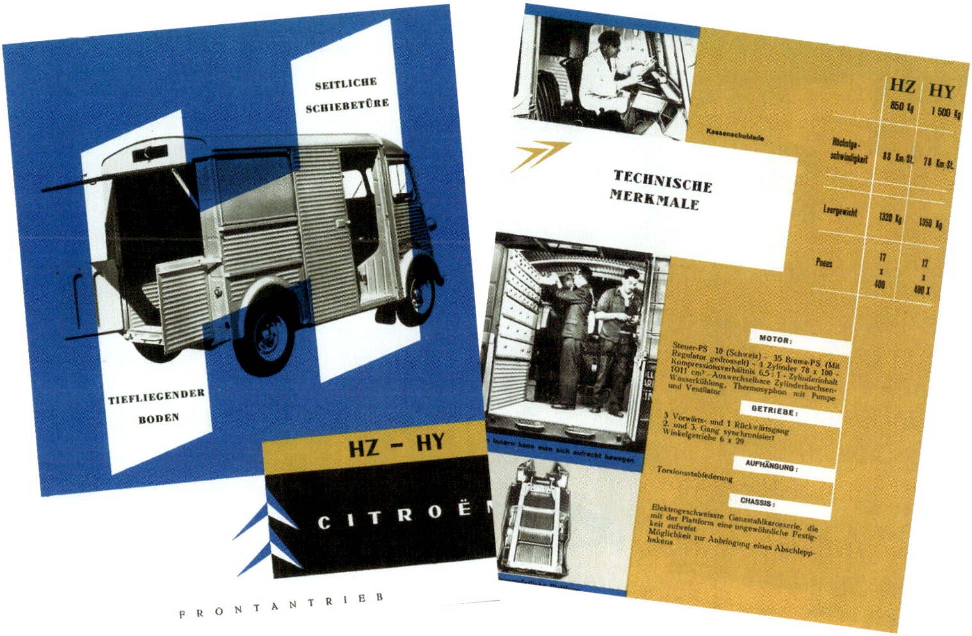

Oben: In der Schweiz gab es ab Sommer 1958 bereits diesen deutschsprachigen Prospekt für HZ und HY
Unten: Das merkwürdig gefalzte deutsche Prospektblatt von 1959 des H-Transporters mit richtigen 35 PS

1964 erfolgten dann zwei optische Anpassungen: Der Kühlergrill trug nun die modernen, an den Enden gespitzten Doppelwinkel der DS-Ära, nicht mehr die bis in die Ränder auslaufenden der Rosalie und Traction-Zeit (beides Entwürfe von Flaminio Bertoni). Und auch innen wurde der Traction-PKW verabschiedet, dessen rechteckiger Armatureneinsatz wich nun dem bogenförmigen Tacho des Ami 6, welchen später auch die 2 CV-Modelle erhielten.

Immer wieder wurde der H produktionstechnisch angepasst und verbessert. 1967 als HY und HZ mit 78 mm Bohrung und 1911 ccm Hubraum zu haben (48 PS), trat er 1968 als HY mit 1600 kg Zuladung und HZ, Serie B mit 1000 kg Zuladung in seine letzte Evolutionsstufe. Die Benzinmotoren des H leisteten nun 58 PS, der Indénor-Diesel 57,5, beide bei rund zwei Litern Hubraum. Ab November 1969 wurden vorn gelbe 2CV-Blinker in Längsrichtung auf Sockeln montiert, die hinteren Radauschnitte waren fortan nicht mehr rund sondern eckig und plan statt aus gesicktem Blech. Bis Ende 1981 wurde der langlebige Citroën-Transporter montiert, welcher bis zum Schluss beim Dreigang-Getriebe blieb, mit erstem Gang rechts unten, zweitem links oben an der Schalt-Kulisse. Zuletzt wurden die H-Modelle im 1973 eröffneten Werk Aulnay-sous-Bois gebaut, neben dem neuen Pariser Flughafen im Nordwesten. Der eckige Kastenwagen wurde insgesamt 473.289 Mal gebaut, von 1949 bis 1963 auch in Belgien (Brüssel-Forest) und ab 1963 in den Niederlanden (Amsterdam). Man bezeichnete den „cube utile“, den

Zur Demonstration der Verlängerungen und Aufbauten wurde dieser 61er HY in Westhoven fotografiert

In Köln unternahm Citroën werbewirksame Versuche, den HY (hier ein 63er) als Transporter einzusetzen

„nutzbaren Raum“ bzw. den „nützlichen Kasten“ H in Frankreich bis zum Schluss gerne noch mit dem Namen seines Vorgängers als TUB, beziehungsweise phonetisch gleich ausgesprochen als „Tube“, Röhre.

In Deutschland war 1948, als der H erstmals verkauft wurde, noch längst nicht an einen Verkauf des Citroën-Kastenwagens zu denken. Der Bedarf im Mutterland war erstens viel zu hoch, Rohstoffe noch viel zu knapp, so dass Citroën bei allen Modellen mit der Produktion der Nachfrage nicht nachkam. Und für einen geregelten Export fehlte es an der Filiale, denn Citroën Deutschland kam erst langsam wieder in Schwung. 1950 wieder in Köln neu gestartet, zog die deutsche Citroën Automobile AG erst im Januar 1953 auf ein eigenes Gelände in der Aachener Straße. Ihre Aktivitäten richteten sich zunächst vor allem auf die Rück- und Neugewinnung von Händlern in Deutschland, verkauft wurden am Anfang nur Traction-Modelle. Immerhin gab es 1956, als die ersten DS 19 auch östlich der Grenze zu Frankreich auftauchten, in Deutschland bereits 50 Händler, die zusammen in jenem Jahr immerhin über 1.200 Fahrzeuge absetzten. Dabei war noch nicht einmal ein einziger 2 CV, jedenfalls offiziell, denn Citroën Deutsch-

Ein Schnittmodell des H-Transporters für Ausstellungszwecke auf dem Gelände von Citroën Deutschland

land hielt diesen Wagen wohl zunächst für zu heikel für die als anspruchsvoll bekannten deutschen Käufer.

1959 bezog die deutsche Filiale mit 193 Mitarbeitern das heutige Gelände in Porz-Westhoven. Das Jahr 1959 sollte zum Schlüsseljahr für den Start von Citroën in Deutschland werden. Auf der IAA im September war die Marke stark präsent. Nicht nur der mit deutschem Verkaufsnamen Monpti versehene 2 CV war endlich offiziell lieferbar, auch der Weekend genannte Kastenwagen AZU. Citroën präsentierte sich nun auch in Deutschland erstmals seit dem Krieg wieder als „Full-range-Marke“, wie man das heute bezeichnen würde, als Hersteller mit einem kompletten Fahrzeug-Programm. Gleichzeitig wurde mit der William Wilkens Werbung eine neue, höchst aktive Agentur beauftragt, die Citroën-Verkäufe anzuheizen. Die deutsche Zeitschriften-Werbung verfünffachte sich schlagartig ab 1959 und hatte ihren ganz eigenen, geschickten Stil.

1959 müssen in Westhoven auch die ersten H-Transporter aufgetaucht sein, falls der deutsche Importeur solche Wagen nicht vorher schon für eigene Zwecke benutzt hatte. In jenem Jahr jedenfalls findet man diese Fahrzeuge erstmals sowohl in einer Hausbroschüre vom Frühjahr 1959 mit dem Kölner Dom und DS auf dem Titel, als auch in der zur IAA erschienenen Preisliste vom September. In beiden ist der H übrigens völlig falsch mit 56 PS Leistung angegeben, ein Wert, der erst viele Entwicklungsstufen später tatsächlich in dieser Baureiher erreicht werden sollte. Für 1959 dürfte diese Angabe sicherlich weniger der sprichwörtliche Wunsch als Vater des Gedankens gewesen sein, als vielmehr ein deutlicher Beleg dafür, dass die H-Kenntnisse von Citroën Deutschland zunächst rein theoretischer Natur waren. Im Gegensatz zur Schweiz, wohin der H bereits seit einer Weile vertrieben wurde. Für die Helvetier wurde bereits im Juli 1958 ein deutschsprachiger Prospekt gedruckt. Wahrscheinlich wusste man 1959 in Köln nur, dass der H von einem vom Traction stammenden Motor angetrieben wurde und hatte dessen Leistungswerte eingesetzt.

Zum Jahr 1960 jedenfalls tauchte für Deutschland ein, wenn auch bescheiden aufgemachtes und merkwürdig unpraktisch gefalztes Faltblatt auf, das den „vielfach verwendbaren Lieferwagen" H vorstellte, der damals „seit zwölf Jahren erprobt und bewährt" war. In diesem Werbeblatt, laut Literatur-Kenner Ronald Beckmann „der einzige mir bekannte deutsche H-Prospekt" war dann erstmals tatsächlich auch die echte Leistung des H-Motors zu finden: Bescheidene 35 PS bei 3500 Touren leistete der gedrosselte Traction-Motor nämlich nur im Kastenwagen, gut genug für rund 80 km/h Höchstgeschwindigkeit.

Bis Sommer 1962 wurde jener Prospekt auf jeden Fall noch benutzt, wie ein Eingangs-Stempel eines deutschen Händlers belegt, doch vor 1963 scheint Citroën Köln auch keine Anstrengungen für eine

Etliche Neuerungen an diesem 65er H: Frontscheibe, Motorhaubenblech oben, Blinker, Doppelwinkel usw.

Für Fahrz. zu Kfz.-Brf. I

Gutachten

zur Erteilung einer Allgemeinen Betriebserlaubnis

des

Technischen Überwachungs-Vereins Rheinland e.V.
Technische Prüfstelle für den Kraftfahrzeugverkehr

Blatt 1

Art des Fahrzeugs:	Typ:	/ Vertriebsfirma:
Lastkraftwagen	HY	Citroen Automobil AG., Westhoven bei Köln

Ausführungen:

Zu den Angaben des Kraftfahrzeugbriefes

...hrzeugs: Lastkraftwagen

...A. Citroen

...A. Citroen

...o-Verbrennungskraftm.

...4 PS bei 3250 U/min

— kW

...rmel): 1898 cm³

...licher): 1911 cm³

...A. Citroen

6. Fahrwerk:
Art: Rad u./od. Gleisk.: Rad
Räderzahl (ohne Ersatzräder): 4
Zahl der angetr. Achsen: 1
Radstand: 2518 mm
Art der Bereifung: vorn: (einf. – dopp.) Luft –
hinten: (einf. – dopp.) Luft –
Mindestgröße der Bereifung:
(b. Zgm. zul. Größen)
vorn: 17 x 400 x
mitten: —
hinten: 17 x 400 x

7. Art der Betriebsbremse:
mech., Druckl., Hydraulik, Saugl., elektr.

8. Anhängerkupplung: ja nein

Allgemeine
Betriebserlaubnis
Nr. 4013

Nachtrag II
für die Lastkraftwagen
Typ HY
der Firma S. A. André Citroen, Paris,
Vertrieb durch die Firma Citroen Automobil Aktiengesellschaft
Verkaufsgesellschaft für Deutschland
in Porz-Westhoven Bez. Köln

Linke und rechte Seite:
Einzelne Seiten aus den ABE-Akten des
KBA in Flensburg für den Transporter HY

Für Fahrz. zu Kfz.-Brf. I

Gutachten

zur Erteilung einer Allgemeinen Betriebserlaubnis

Blatt 5

der/des

Technischen Überwachungs-Vereins Rheinland e.V.
Technische Prüfstelle für den Kraftfahrzeugverkehr

Art des Fahrzeugs:	Typ:	Hersteller / Vertriebsfirma:
Lastkraftwagen	HY	Citroen Automobil AG., Westhoven bei Köln

20. Angaben über evtl. Ausnahmen von den Vorschriften der StVZO/BOKraft und Begründung hierzu: —

§ 35 e (3) StVZO:

Die Scharniere der vorderen Türen des Fahrzeugs sind ... Fahrtrichtung hinten liegenden Seite der Türen angebr... Fahrzeuge entsprechen somit ab 1.7.1963 nicht mehr de... des § 35 e (3) StVZO, so daß ab dann eine entsprechen... genehmigung erforderlich wäre.

Gehört zum Typgutachten vom -6. 5. 63

Technische Überwachung Bezirk 9

Geprüft
Köln, den -6. 5. 63 19...
Technischer Überwachungs-Verein Rheinland e.V.
Technische Prüfstelle
für den Kraftfahrzeugverkehr
Der amtl. anerkannte Sachverständige

Sitz der Motornummer

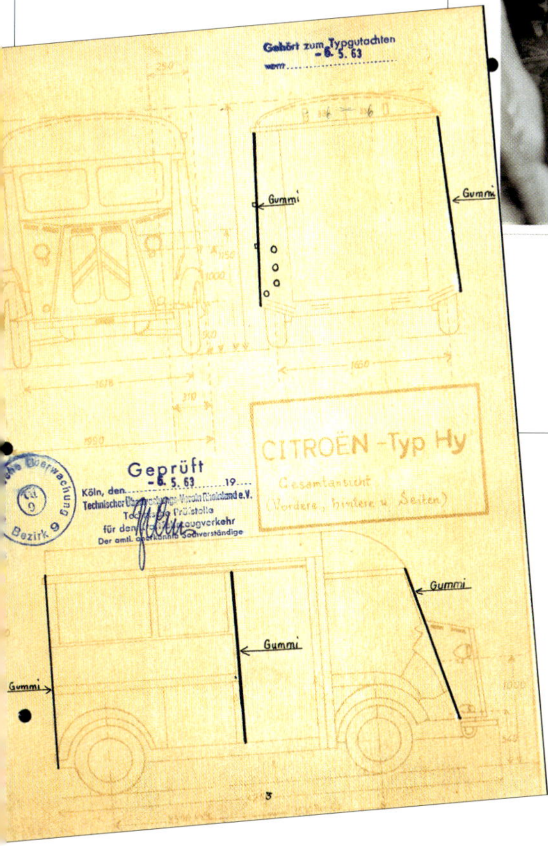

Serienzulassung beim Kraftfahrbundesamt (KBA) in Flensburg unternommen zu haben. Zwar existieren mehrere Bilder von diversen H auf dem Westhovener Werksgelände, ja auch von Karosserie-Umbauten und im Einsatz befindlichen Fahrzeugen bei Kölner Unternehmen, doch dürfte jeder dieser Wagen mit einer Einzel-Zulassung in den deutschen Verkehr geschickt worden sein. Ob überhaupt der HZ mit der geringeren Zuladung für einen ernsthaften Verkauf in Deutschland vorgesehen war, kann – trotz seiner Nennung in den 59er Unterlagen – bezweifelt werden.

Beantragt hat Citroën jedenfalls schließlich beim KBA ausschließlich ein Zulassung des Typs HY, und diesen auch nur als geschlossener Kastenwagen. Im März und April 1963 stellte die Citroën Automobil AG alle benötigten Gutachten und Zeichnungen für die Flensburger Behörde zusammen. Am 6. Mai 1963 schloss Gutachter Diplom-Ingenieur Brems beim Technischen Überwachungsverein Rheinland e.V. seine Beurteilung ab, derzufolge der HY „den jetzigen Anforderungen der Straßenverkehrs-Zulassungs-Ordnung sowie den hierzu ergangenen Anweisungen" entsprach. Das KBA erteilte mit der Nummer 4013 für den „Lastkraftwagen Typ HY der Firma S. A. André Citroën, Paris, Vertrieb durch die Firma Citroën Automobil Aktiengesellschaft Verkaufsgesellschaft für Deutschland" die Allgemeine Betriebserlaubnis am 27. Juni 1963, unterschrieben von Dr. Parigger.

Zwei Einschränkungen mussten beim deutschen Kastenwagen in Kauf genommen werden: In jedem Kfz-Brief hatte zu stehen, dass bei den bis 31. 3. 1964 einzuführenden Fahrzeugen „abweichend von den Bestimmungen des § 35e Abs.3 StVZO die Türbänder (Scharniere) der vorderen Türen auf der in der Fahrtrichtung hinten liegenden Seite der Türen angebracht sind." Außerdem durften die HY in Deutschland keinerlei Anhänger ziehen. Wie kaum anders zu erwarten, da auch in etlichen Vergleichsfällen ebenso der Fall, fiel die Leistungsmessung des H-Motors in Deutschland geringfügig niedriger aus (selbst bei jedes Mal angewandten DIN-Normen). Die deutschen H-Motoren wurden mit 34 PS bei 3.250 Umdrehungen gemessen.

Anekdote am Rande: Damit die Windschutzscheiben des H aus Viscurit und die Seitenscheiben aus Securit, beides Markennamen der Saint-Gobain, für die deutsche Typzulassung nicht zur Material-Prüfung mussten, bat Citroën Deutschland Konkurrent Renault mit Sitz in Brühl um Schützenhilfe – und erhielt sie auch. Denn der Transporter Renault Estafette, viel später entwickelt als der H, aber in Deutschland bereits zugelassen und eingeführt, besaß Saint-Gobain-Scheiben der gleichen Bauart. Und so bestätigte der TÜV Rheinland, dass die Scheiben für die Renault R 1120 vom staatlichen Materialprüfungsamt Nordrhein-Westfalen bereits im November 1961 geprüft worden waren. Ingenieur Brems bescheinigte, dass „die Scheiben des Fahrzeugs HY die gleiche Bezeichnung tragen wie die geprüften Scheiben. Die Form der Scheiben weicht nicht wesentlich von der der geprüften" im Renault ab.

Die Ende Juni 1963 erteilte Allgemeine Betriebserlaubnis für den HY in Deutschland galt also wegen der hinten angeschlagenen Türen nur gut ein halbes Jahr, bis 31. März 1964. Mit Datum vom 2. April 1964, unterschrieben wieder von

Dr. Parigger, erteilte das KBA im Nachtrag II zur ABE Nr. 4013 die Verlängerung der Ausnahmegenehmigung bis 31. 3. 1964. In einem Nachtrag III vom 29. Oktober 1964 wurde sogar noch einmal der in den Kfz-Briefen einzutragende Text geringfügig geändert, am „Verfallsdatum“ des H änderte dies nichts.

Ende 1964 war also die kommerzielle Karriere des klugen Kastenwagens in Deutschland bereits beendet. Im Mutterland blieb das Herstellerwerk bis 1981 zum Ende der H-Produktion bei den zum Einsteigen viel praktischeren, hinten angeschlagenen Türen.

Die niederländische Fabrikation in Amsterdam wechselte hingegen 1968 wegen der dortigen Legislative zu vorne angeschlagenen Türen. Als das baufällige Produktionswerk nach 1970 geschlossen wurde, belieferte Citroën Frankreich die Niederländer mit H-Transportern, die „richtig herum“ angebrachte Türen besaßen.

In Deutschland blieb es fürderhin bei Einzel-Importen. Erst mit dem C 35, wieder oder besser immer noch von Ingenieur Pierre Franchiset bei Citroën entwickelt, ging Citroën auch in Deutschland ab 1973 verstärkt ins Transporter-Geschäft, voller Elan eigentlich aber erst mit dem C 25 ab 1982. Seither ist die Marke auch im Nutzfahrzeug-Sektor nicht mehr wegzudenken.

Drei Rücklichter und Hella-Kennzeichenleuchten – eines der wenigen Farbbilder vom H in Deutschland

Sonntags-Schrott
von Frank Plate

„Man sieht nur mit dem Herzen gut. Das Wesentliche ist für die Augen unsichtbar." (Antoine de Saint Exupery)

Wir befuhren die Nationalstraße 3 mit Ziel Paris. Auf der Zunge spürte ich noch den Geschmack des köstlichen Routiers-Menüs kurz hinter Reims, als plötzlich ein Haufen Schrott hinter den Chaussee-Bäumen meine Aufmerksamkeit auf sich lenkte. Den missbilligenden Blick der besten Ehefrau von allen ignorierend, stoppte ich den Citroën und griff automatisch nach meiner Kamera. Nachdem ich mich vergewissert hatte, dass nicht irgendwo der „beste Freund des Menschen" bellend auf mich lauerte, stieg ich über den niedrigen Zaun und fand mich auf einem anscheinend seit Jahren aufgegebenen Schrottplatz wieder, wie es sie so wohl nur in Frankreich gibt.

Fast sämtliche Produkte französischer Automobilkunst schienen sich an diesem „paradisischem" Ort eigens für mich versammelt zu haben. Die meisten stammten aus einer Zeit, in der ich selbst das Wort „Auto" gerade einmal aussprechen konnte. Hier holte die Natur sich zurück, was man ihr einst genommen hatte: Farbe wurde farblos, Blech zerfiel zu metallischem Staub und Moos wuchs aus Gummidichtungen. Über allem wucherte ein schier undurchdringliches Grün, öffnete Türen, sprengte Scheiben, bedeckte Karossen und bahnte sich seinen Weg durch geöffnete Motorhauben.

Mein besonderes Interesse erregte bald eine Gruppe von Citroën DS, die, in

Wo beginnt die Natur, wo endet die Technik? Das geheimnisvolle Gesamtkunstwerk Schrottplatz faszinierte Frank Plate derart, dass er seine sonntägliche Fahrt unterbrach und Zäune überstieg

Angesichts derartigen Bewuchses sah sich Fotograf Frank Plate vor ernsthafte Schwierigkeiten gestellt: Was sollte er aufnehmen? Und wie? Der szenische Gesamteindruck war doch niemals abbildbar

langer Reihe aufgestellt, mit stumpfen Scheinwerferaugen und bar jeglichen Hydraulikdruckes dicht am Boden kauerten. In besseren Zeiten waren sie einst leichtfüßig schwebende Kunstwerke gewesen. Das Alter hatte sie matt werden lassen, Beulen und fehlende Teile hatten ihnen die frühere Eleganz genommen.

Wie konnte ich diesen Verfall in Bilder fassen? Der Blick des Fotografen ist, anders als beim Laien, nicht nur geradeaus auf das Erblickte gerichtet, er sucht statt dessen eine Position, in der das Objekt ideal zur Geltung kommt. Weder das wuchernde Dickicht, welches meine Bewegungsfreiheit stark einschränkte, noch der trübe Himmel, der die gesamte Szene konturlos erscheinen ließ, erlaubten große fotografische Freiheiten und der Einsatz des Stativs entfiel mangels festem Boden. Mein Blick fiel schließlich auf die Doppelwinkel, welche jedes dieser D-Modelle auf seinem Kofferraumdeckel trug. Waren sie einst vom Herstellerwerk allesamt gleich ausgeliefert worden, so schien es hier, als wollte jedes dieser Firmen-Logos seine ganz individuelle Spur in der Zeit hinterlassen. Auf dem von der Sonne verbrannten und vom Regen verwaschenen Lack, besser gesagt: dem, was noch vom Lack übrig war, glich kein Doppelwinkel mehr dem anderen. Jeder schien irgendwie auf dem Weg zu sein. Ich verzichtete also auf das „große Ganze" und fotografierte ausschließlich diese Citroën-Winkel. Eine Auswahl der Bilder folgt auf den nächsten Seiten. Symbole sind sie nur, Sinnbild der Vergänglichkeit, doch sie können mehr ausdrücken als ein ganzer Haufen Schrott.

Alte Autos, blauer Qualm

Die erste Gauloises-Citroën-Tour
von Halwart Schrader

Holen Sie mit mir, einem passionierten Nichtraucher, zuerst einmal tief Luft, politisch korrekt am Beginn des 21. Jahrhunderts natürlich nikotinfrei. Errinnern wir uns gemeinsam an die Endsechziger und frühen Siebziger Jahre. Ob man damals in Hamburg, Düsseldorf, Frankfurt, München, West-Berlin, Wien oder Zürich die Tür einer Studentenkneipe öffnete, stets bot sich der gleiche Anblick: Qualm, nichts als Qualm lag in der Luft. Rauchen gehörte einfach dazu, allemal zum akademischen Lebensstil.

Zur Gauloises-Tour schufen Heye&Partner ein Plakat, das sogar im *Double Chevron* zu finden war

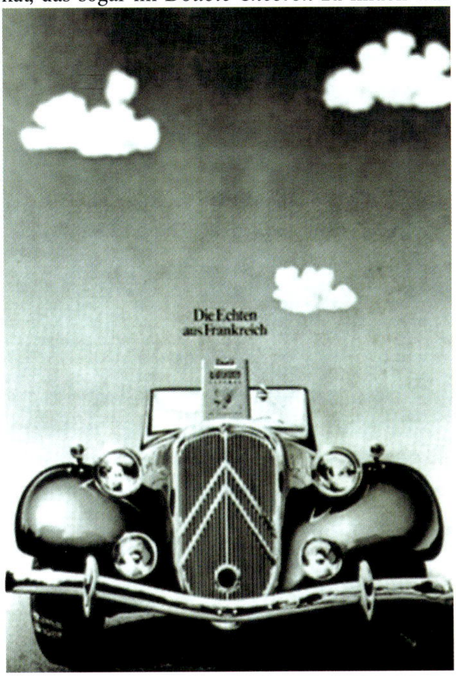

Gelb, Rot, Blau

Es gab auch damals schon bestimmte Marken, die man bestimmten Gesellschaftsgruppen zuordnen konnte, lange bevor der amerikanische Multi mit den lassoschwingenden Cowboys die Atemwegs-Welt mit seinem rot-weißen Einheitsprodukt überschwemmte. War im Nachriegs-Deutschland die bürgerliche Eltern-Generation mit einheimischen Filter-Zigaretten wie *Astor*, *Ernte 23*, *HB* oder *Overstolz* glücklich geworden, fühlte die sich im Aufbruch begreifende Jugend beim Rauchen gerne den auch gesellschaftlich als Heroen herausgestellten Arbeitern zugeordnet. Es mussten filterlose Zigaretten sein, welche ansonsten nur Arbeiter rauchten, später dann auch der aus der holländischen Szene importierte Tabak zum Selbstdrehen. In der zweiten Hälfte der 1960er gab es auf den Tischen der Studentenkneipen in nennswerter Zahl drei filterlose Marken zu finden, die sich schon von Ferne wirksam durch ihre Signalfarben unterschieden: Gelb, Rot oder Blau.

Die (damals natürlich stets noch filterlose) *Camel* war mit ihren Virginia-Tabaken etwas milder als ihre Konkurrenten aus Europa und in den Augen manches US-Imperialismuskritikers mit der politschen Einstellung nun wirklich nicht vereinbar. Besser funktionierte letzteres bei der dunkelgelb verpackten *Reval* und der aus dem Badischen kommenden *Roth-Händle*, deren Gestaltung auf rotem Grund popartig wie die damaligen Plakate von Dixiland-Konzerten aussah. Die dritte Marke im studentischen Bunde kam mit der Nationalfarbe Blau aus Frankreich, dem Land der glorreichen Revolution von 1789 sowie der Studenten-Unruhen vom Mai 68. Und selbst einige der Väter waren ihr im noch gar nicht so fern liegenden Zweiten Weltkrieg verfallen. Die Rede ist von *Gauloises* mit dem berühmten Gallier-Helm von Künstler Jacno, die „Echten aus Frankreich", wie das zugehörige Werbe-Büro in Deutschland erfolgreich textete. „Wer das Echte liebt" wählte unter den Studenten gerne französische Waren, fuhr auch automobil französische Marken. Nicht ohne Grund wurden in Deutschland Renaults Modell 4 und Citroëns Dyane, vor allem aber der 2 CV kategorisch als „Studentenautos" bezeichnet, teils werden sie das heute noch, der heimische Käfer hingegen fast nie.

Echt - mit und ohne Filter

Die Marke Gauloises der staatlichen Régie Française des Tabacs (Seita) wurde in Deutschland von der British American Tabacco (BAT) mit Sitz in Hamburg in Lizenz verkauft. Bei der deutschsprachigen Werbung ging BAT geschickt auf eben jene studentische, als individuell und avantgardistisch bekannte Klientel ein. Fast schon philosophische Wortspiele und der Verweis auf die wahren Werte im Leben („die Echten") ergänzten sich mit Humor und besonders anspruchsvoller Fotografie. Die Gauloises-Werbung wurde ausnahmslos von Spitzenlichtbildnern der damaligen Zeit illustriert, seien das Will McBride, Charles Wilp, Jan Keetmann oder Walter Dittrich gewesen. Als Zugeständnis an den allmählich aufkommenden leichteren Geschmack, auch für die Zielgruppe Frau gedacht, bot BAT in Deutschland Anfang der Siebziger Jahre neben den klassischen Gauloises in Blau auch die Disques Bleu in weißer Verpackung an. Hiebei handelte es sich um eine leichtere Sorte des traditionellen, dunklen französischen Caporal-Tabaks, der in der Region Dordogne gedeiht. Andere Leicht-Sorten wie die gelben oder die grünen Gauloises mussten sich die zumeist jungen Raucher aus Frankreich selbst mitbringen, genau wie auch die französischen Zigaretten mit dem gelben Maispapier nur äußerst selten in Deutschland zu bekommen waren.

Allen Modernismen zum Trotz blieb die Marke Gauloises mit der klassischen Sorte Caporal stets bei der kürzeren Länge der filterlosen Zigaretten, hatte sich nicht wie Roth-Händle an das längere Format der Filter-Zigaretten angepasst. Diese Länge von sieben Zentimetern blieb auch gleich, als im Sommer 1974 die ersten blauen Gauloises mit Filter eingeführt wurden, natürlich einem bedeutend kürzeren und weißen Filter. Gauloises Filtre boten fortan die Möglichkeit, trotz „gesünderem" Rauch, also weniger starkem Nikotingehalt, dem Image der „bürgerlichen Spießer" mit ihren Filterzigaretten weiterhin zu entgehen.

Traction-Geburtstag bringt Idee

Die Markteinführung der Filter-Gauloises fand im Jahr des 40. Geburtages des Traction Avant (1934) statt. Doch wie kamen beide legendären Produkte Frankreichs in Deutschland zusammen? Ich selbst – wie gesagt passionierter Nichtraucher – war durch meine Citroën-Leidenschaft daran nicht ganz unschuldig. Doch die eigentliche Idee stammte von jemand anderem. Der Reihe nach:

Die Echten aus Frankreich bekommen Zuwachs.
GAULOISES
DISQUE BLEU
GAULOISES
CAPORAL
GAULOISES
CAPORAL
Neu mit Filter
20 Stück DM 2.20
Und laden Sie ein zum Preiskrimi:
Die Story: Johnny Haynes, international renommierter Juwelendieb, ist wieder in Paris. Kommissar Pierre Paulet stellt ihm eine Falle. Gerade wird in Paris der Kriminalfilm »Zum Nachtisch Diamanten« gedreht – mit Lila de Tutti als Star und Jean Noir als Kommissar.
Wer ist der echte Kommissar?
SIEH' AN – JUWELEN-JOHNNY WIEDER IN PARIS...
JA, KÖNNEN SIE SCHREIBEN – ...TRÄGT ECHTE SACHEN!
METRO
Le Monde
Lila de Tutti trägt 250.000 Fr. Collier bei Filmaufnahmen.
DEN NOCH ALS KELLNER ...CHERIE.
KOMPARSERIE
MARGOT
"ACHTUNG AUFNAHME!"
250.000 Francs schwer!
DEN GANGSTERN AUF DER SPUR!
Hi-Hilfe!
"Oh la là"
"FRÜH GENUG, JOHNNY!"
5 klassische Citroën zu gewinnen,
voll restauriert, TÜV abgenommen,
● 11 CV, zweisitziger Roadster
● 11 CV BL, viersitzige Limousine
● 11 CV N, viersitzige Limousine
● 11 CV Familiale, sechssitzige Limousine
● 15 CV, viersitzige Limousine
● 150 Gauloises-Sessel
● 150 Gauloises-Wanduhren
● 1.000 Oldtimer-Poster »Die Echten aus Frankreich«.
Wer also ist der echte Kommissar?
ⓐ Der Mann mit der Pfeife?
ⓑ Der Mann mit der Glatze?
ⓒ Der Mann mit der Cigarette?
Bitte ankreuzen, was Sie für richtig halten. Ausschneiden, aufkleben, schicken an GAULOISES, 2000 Hamburg 36, Postfach 226. Absender nicht vergessen. Einsendeschluß: 31. Juli 1974.
Die richtigen Einsendungen kommen in die Verlosung. Die Gewinner werden unter juristischer Aufsicht ausgelost und umgehend benachrichtigt. Der Rechtsweg ist ausgeschlossen. Teilnehmen können alle Personen über 18 Jahre. Mitarbeiter der Veranstalter sind ausgeschlossen.

Im Sommer des Jahres 1959 hatten der ehemalige Marineoffizier Friedrich W. Heye und ich in Oberursel die F. W. Heye Werbeagentur (später Düsseldorf und Unterhaching) gegründet. 1974 arbeitete ich mit mehr als zwanzig Kollegen dort und war als Allround-„Kreativer" in Unterhaching bei München tätig. Unsere Kunden waren bereits bekannte Auftraggeber wie Loewe-Opta, Moët-Chandon, Molykote und Waterman. Und auch die BAT hatte die Heye-Agentur als ein junges, ideenreiches Team erkannt, dem sie die werbliche Unterstützung bei der Einführung ihrer neuen Filterstengel anzuvertrauen gedachte.

Die Idee zu den Promotion-Touren mit Gauloises stammte von meinem damaliger Kollegen Herbert Schaaf, Cheftexter bei Heye. Für eine Tour durch Deutschland anlässlich der Einführung der neuen Filter-Gauloises, so seine Idee in einer montäglichen Agenturrunde, kamen eigentlich auch als Fahrzeuge nur „die Echten aus Frankreich", also französische Automobilklassiker in Frage, vornehmlich natürlich Citroën und ganz zuerst die sogenannten „Gangsterwagen". Bei diesem Punkt der Tagesordnung richteten sich dann die Blicke aller am Tisch Sitzenden auf mich, und ich spürte deutlich, wie die noch gar nicht ausgesprochene Aufforderung in ihren kreativen Köpfen zirkulierte: „Schrader, du besitzt doch solche Autos – her damit!" Ja, ich war seinerzeit Eigentümer von fünf verschiedenen Traction Avant. Meine Privatkollektion umfasste einen 15 CV-Sechszylinder, drei 11 CV-Limousinen und ein 7 CV-Cabriolet. Dem kurz nach dem verhängnisvollen Brainstorming folgenden Angebot der BAT, diese fünf Autos auf einen Schlag käuflich zu einem enorm guten Preis zu übernehmen, vermochte ich nicht zu widerstehen. Ich hoffte inständig, meine Altauto-Ideale dadurch nicht verraten zu haben und bat den Heiligen André insgeheim um wohlwollende Nachsicht.

Preisrätsel, Autogewinn und Tour

Die Idee zur Gauloises-Citroën-Tour war geboren. Das Konzept sah ein Preisausschreiben in Form eines Comics vor. Dieser wurde von dem genialen, aus Bremen stammenden Illustrator Bernhard Bücking zeichnerisch umgesetzt. Es ging darin um eine wilde Räubergeschichte. Am Ende des Bilder-Krimis war die Wort-

Linke Seite:
Ganzseitg warb BAT für die neuen Gauloises Filter
Unten:
Automobil- und Motorrad-Chronik 5/74 berichtete

Der Konvoi bei einer Pause. Besonders das 7 CV-Cabriolet eignete sich stets gut für Fotos mit den Damen

kombination „die Echten" zu erraten – Synonym für die Gauloises-Zigaretten. Neben dem in Zeitungen und Magazinen veröffentlichten Preisrätsel sollte die Gauloises-Tour mit den fünf Oldtimern gezielt in studentische Städte führen. In deren Kneipenviertel und an den Universitäten sollten die zehn begleitenden jungen Damen, hübsch in den französischen Landesfarben Blau-Weiß-Rot eingekleidet, abends jeweils Tausende von Flugblättern mit dem Krimi-Comic verteilen. Jeder, der das Rätsel innerhalb von zehn Minuten löste, sollte von den Promotion-Mädchen eine Minipackung Gauloises Filter als Belohnung in die Hand gedrückt bekommen. Und wer würde es nicht lösen!
Meine vier schwarzen Limousinen wurden im BAT-Auftrag bei der Firma Auto-Rieth in München langstreckenfest gemacht und in „Gauloises-Blau" umlackiert. Das in England gebaute Traction-Cabriolet dagegen besaß bereits – purer Zufall – eine blaue Lackierung, wenn auch nicht ganz die der Marke entsprechende. Es war (nach einer teuren und umfassenden Restaurierung, eine eigene Geschichte wert) das technisch perfekteste Fahrzeug der Traction-Flotte, daher benötigte es keine Sonderbehandlung. Die Fahrzeuge der BAT leihweise zu überlassen, zum Beispiel gegen ein gutes Honorar wie bei Filmautos, kam leider nicht in Frage. Denn vorgesehen war bei der Gauloises-Tour ebenso, dass die fünf Citroën im Rahmen des Preisausschreibens nach der Tour zu gewinnen sein sollten. 26 Tage, zehn Mädchen, fünf Autos: Der gesamte organisatorische Ab-

lauf der Promotion-Tour, welche von Köln über München bis Hamburg führte, lag in meinen Händen – ein nicht immer ganz einfaches Unterfangen.

Start mit Pannen

Der Start zur ersten Gauloises-Tour fand am 10. Juni 1974 in Köln auf dem Areal der Citroën Deutschland AG statt, die das Projekt unterstützte und bereits vorab in alle Aktivitäten eingebunden worden war. In jeder der anzulaufenden 26 Städte waren die lokalen Citroën-Händler angewiesen, der in den Oldtimern einherrollenden Mädchenriege nach Kräften und unbürokratisch zu helfen, sollte es technische Probleme geben. Routinemäßig wurde jeder Doppelwinkel-Stützpunkt in den Zielorten angelaufen, bevor die allabendliche Kneipenrundfahrt begann. Parkplätze im Voraus vor den Etablissements zu reservieren, etwa in den Altstädten von Marburg oder Heidelberg, hatte sich als einer meiner schwierigsten Jobs entpuppt.
Die stets rechtzeitig alarmierten örtlichen Pressevertreter nutzten überall die Gelegenheit, die auffällig blauen Autos mit ihren unübersehbaren Werbeaufklebern und die nicht minder auffallenden Crews in ihrer rot-weiß-blauen Bekleidung abzulichten sowie die jungen Damen zu interviewen. Die fesche Gabi aus Köln avancierte schon bald zur Sprecherin der Gruppe. Ihr karnevalistischer Humor war es auch, der in weniger erbaulichen Momenten die Stimmung während der Tour rettete. Denn solche Momente gab es durchaus, besonders in den ersten Tagen des

Allabendliches Ritual der Gauloises-Tour: Parken der Promotion-Autos auf einem bewachten Platz

nikotinhaltigen Kreuzzuges. Trotz aller Sorgfalt der Vorbereitung durch Vater Rieth und seine Meister gab es einige ärgerliche Pannen, von aussetzenden Kraftstoffpumpen bis hin zu nicht mehr schaltbaren Getrieben. Wobei ein Teil der Probleme seine Ursache natürlich in der Traction-Unerfahrenheit der Chauffeusen haben konnte. Schließlich hatte mir nur ein einziger Tag für Bedienungsunterweisungen bei zehn Elevinnen mit denkbar hohen Ablenkungs-Koeffizienten zur Verfügung gestanden,

Hahn im Korb bringt Hilfe

Die Citroën-Händler entlang der Strecke taten ihr Bestes und setzten bei Bedarf Pannenhilfen in Bewegung. Doch wegen jeder Kleinigkeit geriet der ganze Zeitplan in Unordnung. Wir mussten eine bessere Lösung finden, sofort und effizient, die gewährleistete, dass im Falle eines Falles ein Fehler vor Ort und möglichst mit Bordmitteln behoben werden konnte. Für einen solchen Service kam nur mein Freund Richard Degen in Frage, Citroënnist quasi seit Geburt und Techniker aus Passion. Ich veranlasste Richard, von der Fummelei an seinem Fünfzehner, der frisch erworbenen Rosalie und seinen zahlreichen Döhschewos kurzfristig abzulassen und statt dessen mit seiner DS, voll gepackt mit sämtlichen Traction-Verschleißteilen aus diversen gut bestückten Remisen gen Regensburg zu eilen, wo wir uns trafen. Mit „Ritschi“ und seiner DS hatte der Konvoi einen, zwar nicht blau lackierten und auch nicht per Preisausschreiben ausgelobten, sechsten Citroën hinzubekommen, der von nun an die Truppe bis ans Ziel begleitete. Ritschi gefiel sich in der Rolle als (gallischer?) Hahn im Korbe sehr, und unter seinen vielen Werkzeugen, die er dabei hatte, war immer und zu jeder Tages- und Nachtstunde ein passendes dabei, mal recht groß und eindrucksvoll, mal niedlich klein und dennoch praktisch, mit welchem der gute, hilfsbereite Junge einsprang, wo die Situation es gerade erforderte.

Weiter mit Citroën

Dank dieser Unterstützung lief die erste Gauloises-Tour dann doch noch ohne

Fünf glückliche Gewinner mit ihren Traction – ein für den Vorbesitzer etwas wehmütiger Anblick

weitere Zwischenfälle reibungslos ab. Weil nicht nur der Kunde BAT für die Kombination Gauloises-Citroën-Autogewinn Feuer gefangen hatte, sondern sich auch die deutsche Citroën-Repräsentanz für die Idee der „Echten aus Frankreich“ begeisterte, wurde die Gauloises-Tour in den Folgejahren regelmäßig mit Citroën wiederholt. Allerdings lief das Spektakel fortan mit fantasievoll umgebauten oder verfremdeten 2 CV ab, für die man keinen Oldtimer-Instruktor und schon gar keinen Servicewagen mehr brauchte, was Ritschi sehr bedauerte. Allerdings war auch ein mehr als dreimal so hohes Werbebudget von Nöten, denn der Umbau simpler, wenn auch sehr günstig überlassener Serienwagen zu rollenden Diogenes-Tonnen, Pickups, Schwimm-Enten, Campingwagen, oder dreiachsigen Mini-Trucks verschlang Unsummen. Und eines Tages spielte dann auch Citroën nicht mehr mit, worauf Renault in die Bresche beziehungsweise aufs dargebotene Trittbrett sprang und zumindest für ein Jahr die Sponsorschaft in Form großzüg gewährter Anschaffungsrabatte für die Flotte der Gauloises-R4 übernahm.

Ende mit Tränen

Mir hatte seinerzeit die Ausarbeitung der ersten Gauloises-Tour und alles, was dazu gehörte, sehr viel Freude bereitet. Zum bekennenden Raucher hat mich indes keines der Gauloises-Mädels mit weißem T-Shirt und roter Casquette machen können – auch wenn es auf dem Foto der einen oder anderen Anzeige, auf der ich aushilfsweise mal als Modell zu posieren hatte, diesen Anschein haben mochte.

Jan Keetmann: „Du bist doch so ein Typ wie der, der heute morgen abgesagt hat. Zieh dir mal die Jacke aus, nimm den Schlips ab und setz dich auf die Kiste hier. Halt aber die Zigarette bloß nicht verkehrt herum!“

Die fünf Citroën fanden am Ende der Tour dankbare Abnehmer. Ihre feierliche Übergabe fand erst drei Monate später im Unterhachinger Angerhof statt.

Die rosa Serviette, mit der ich mir die nicht ganz heimlich verdrückten Tränen trocknete, als „meine“ fünf Traction endlich wieder vor mir standen und mir doch nicht mehr gehörten, die besitze ich noch heute. Die Angerhof-Wirtin möge mir verzeihen, dass ich sie mitgehen ließ. Gewiss hat die Zeche, die BAT an jenem Tage machte, den Verlust des kleinen, mit einem schönen Hummer-Motiv bedruckten Textilstücks mehr als ausgeglichen.

Fundstück

Wie man zu besonderen Archivalien kommt
von Ulrich Knaack

Nach der Lektüre des vorangegangenen Artikels mag die Kombination Citroën–Tabak–München wenig verwundern, zumal wenn sie aus dem Munde Halwart Schraders stammt.
Als jener mir im Jahr 2003 nach einem München-Besuch stolz am Telefon von einem Fundstück zu diesem Thema erzählte, dachte ich an einen erneut hervorgekramten Mosaikstein zu der schon mehrmals zwischen uns besprochenen Entstehung der Gauloises-Touren bei Heye. Doch weit gefehlt!
Kurz vor dem Besuch eines Kollegen hatte Schrader in dessen unmittelbarer Nachbarschaft ein Antiquariat aufgesucht, das ihm noch aus seiner Münchner Periode her bekannt war. Bekannt war ihm allerdings auch, dass interessante Fundstücke zur Autombilhistorie dort nicht zu tätigen sind, da eben jener gute Kollege als Sammler und Nachbar Heimvorteil besitzt und regelmäßig die Reihen „abfischt“. Doch da Halwart Schrader sich seit einigen Jahren publizistisch auch den Nahrungs- und Genussmitteln zuwendet, streiften seine Augen die entsprechenden Buchregale ab.
Seine Beschreibung des Folgenden kenne ich nur zu gut: „Irgendwo beim Drüberschauen über die Reihe, hinter der südamerikanischen Zuckerindustrie und kurz vor den alten Kochrezept-Büchern meinte ich, André Citroën gelesen zu haben. Konnte das sein? Ich ging dem lieber nach.“ Schrader ließ sich eine Leiter bringen und suchte immerhin drei Minuten. Wenn ein Auge erst einmal auf bestimmte Begriffe geeicht ist, erkennt es sie schneller als unsere gezielte Aufmerksamkeit und daher nimmt man auch im Vorbeihuschen Begriffe wahr. Schrader fand tatsächlich ein grünliches Buch und erwarb es, denn schon damals stand unser Jahrbuch-Projekt für uns fest.
Fazit: Sie können besondere Archivalien zwar suchen und teils auch teuer erwerben, die schönsten bekommen Sie aber immer noch geschenkt beziehungsweise Sie stoßen durch einen Zufall irgendwo auf der Welt darüber. Lassen Sie die Dinge also zu Ihnen kommen; Wer nicht suchet, der findet!
Worum handelt es sich nun bei dem rechts abgebildeten Buch? War es überhaupt „unser“ André Citroën? Es war!
In dreißig Sitzungen zwischen Februar 1923 und Arpil 1924 suchte eine vom Finanz-Ministerium eingesetzte Kommission nach Möglichkeiten der wirtschaftlichen und organisatorischen Verbesserung für das französische Tabak- und Streichholz-Monopol. Genau wurde von den Herren unter Vorsitz des in Rationalisiserungen erfahrenen Industriellen Citroën die franzöische Produktion von Tabak, Zigaretten und Zigarren an den 21 Standorten analysiert und der Ertrag ausgerechnet.
Als Folgerung schlugen die Wirtschaftsprüfer im Oktober 1924 drei Möglichkeiten vor: Vollkommene Privatisierung, verpachtetes Monopol oder gänzlich saniertes Staatsmonopol. Das Finanzministerium blieb jedoch bei seiner Linie und verwarf die Vorschläge.

RÉPUBLIQUE FRANÇAISE

MINISTÈRE DES FINANCES

DIRECTION GÉNÉRALE DES MANUFACTURES DE L'ÉTAT

RAPPORT

PRÉSENTÉ PAR M. ANDRÉ CITROËN

AU NOM DE LA COMMISSION

CHARGÉE D'ÉTUDIER LES QUESTIONS CONCERNANT L'ORGANISATION

ET LE FONCTIONNEMENT

DES MONOPOLES DES TABACS ET DES ALLUMETTES

PARIS

IMPRIMERIE NATIONALE

1925

Der DS-Fahrer, das unbekannte Wesen

Eine Werbe-Analyse für Citroën
von Ulrich Knaack

Wie wirbt man für ein Auto, das an vielen Stellen grundlegend anders ist als andere Wagen? Wer fährt solche Autos überhaupt? Worauf legen die Käufer Wert, worauf nicht? Diese und ähnliche Fragen muss sich wahrscheinlich die deutsche Citroën-Zentrale in Köln gestellt haben, wohl wissen, dass man die französischen Einstufungen von Auto und Käufern auf Deutschland nicht übertragen konnte.

1956 trat die deutsche DS-Werbung, gestaltet von der Agentur Stellwag in Köln, noch ganz klassisch mit Zeichnungen auf. Der DS 19 war noch ganz ein Produkt der Fünfziger Jahre, seine hervorgekehrten Merkmale „Formschön, elegant, geräumig, schnell und sicher, fortschrittlich“ zielten überwiegend auf das chice Äußere, weniger auf die Technik. Wahrscheinlich 1958, kurz vor dem Umzug von Citroën Deutschland nach Porz-Westhoven, übernahm die Agentur William Wilkens die deutsche Citroën-Werbung. Die grafische Gestaltung wurde einprägsamer, da nüchterner, die Typographie war nun klar und einheitlich. Spätestens ab 1959 entwickelte Wilkens jeweilige Leitmotive, die für das Markenimage galten, später teilweise für die Fahrzeuge differenziert.

Die erste von der Agentur Wilkens erdachte Kampagne mit erkennbarer Texter-Arbeit lief unter dem Motto: „Citroën – Fahren ohne Gefahren“ ab 1959. Wie beim, im gleichen Jahr eingeführten, 2 CV intensivierte Citroën auch für die Modelle DS und ID ab 1959 Werbung und Messeauftritte. Die IAA-Autos, erstmals mit dem Kombi ID-Break, wurden stolz unter dem Motto präsentiert: ID 19, Sieger der Rallye Monte Carlo. Zeitgleich war eine Broschüre zum Gewinn erschienen.

Die Werber von Wilkens brachten Citroën Deutschland einen einheitlichen Auftritt, den man sowohl in den Anzeigen als auch in technischen Unterlagen wie Kundendienst-Scheckheften wiederfand. Eine Idee der Kreativen wurde besonders berühmt, die gegen 1 DM Schutzgebühr bei Citroën zu beziehende Schrift von Alexander Spoerl, „Umgang mit einer Göttin“.

Weiterhin machte die Agentur Wilkens sich daran, immer genauer für den Kunden Citroën und seine Fahrzeuge deren Zielgruppe zu erforschen und angepasste Werbung für diese zu gestalten. Für die Recherchen zur Kundenerfassung bediente sich Wilkens aller Mittel. Eines hieß Walter Hallegger, kam aus Bremen und war von Beruf Diplom-Psychologe.

Im Auftrag von Wilkens befragte Hallegger Kunden und potenzielle Käufer, die Agentur Wilkens verarbeitete seine Ergebnisse. Meist erfolgte dies natürlich nach intensiver Rücksprache mit Citroëns damaligem PR-Chef Hellmut-Peter Clauss oder anderen Zuständigen.

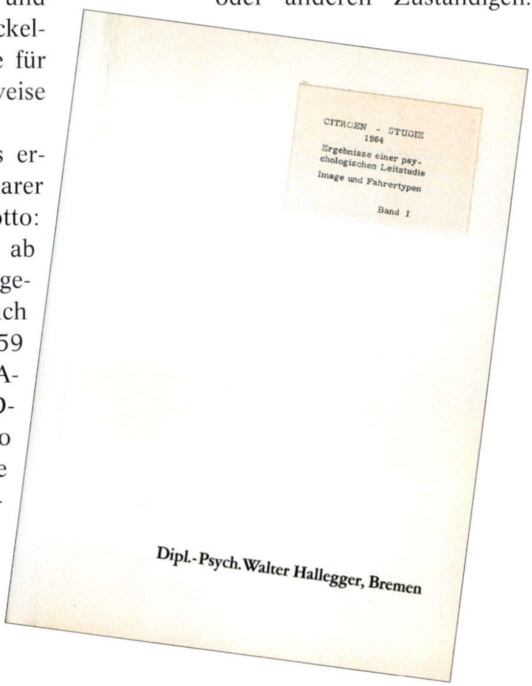
CITROEN - STUDIE
1964
Ergebnisse einer psychologischen Leitstudie
Image und Fahrertypen
Band I

Dipl.-Psych. Walter Hallegger, Bremen

Citroën-Stand auf der IAA 1959, noch ohne Besucher. Im Hintergrund rechts ein Plakat zu Monte Carlo

Texter Hans-Jürgen Pomplitz aus Hamburg, früher bei Wilkens beschäftigt, erinnert sich: „In der Tat war ich 1968 ‚Gastarbeiter' bei Wilkens in Köln und habe dort unter anderem auch an den Citroën-Kampagnen mitgeabeitet. (...) Und Walter Hallegger kannte ich auch sehr gut. Er schuf immer den psychologisch-theoretischen Unterbau für unsere Konzepte. Seine Lieblingsthese: Das Produkt im magischen Dreieck. Wir haben Nächte diskutiert und manches Glas genossen ..."
Durch Zufall stieß der Verfasser vor einigen Jahren in einem Nachlass auf eine psychologische Studie von Walter Hallegger. Sie heißt „Citroën-Studie 1964" und war nie zum Veröffentlichen vorgesehen. Es liegt nur Band 1 vor, die „Ergebnisse einer psychologischen Leitstudie. Image und Fahrertypen". Es gab jedoch auch Band 2 und 3 mit weiteren Ergebnissen, zum Beispiel zu den Kombi-Benutzern und ein detaillierter Vergleich Citroën–Mercedes. Vielleicht kann einer der Leser für eine der nächsten Jahrbuch-Ausgaben mit einer Kopie oder Ergänzungen weiterhelfen?
Die Citroën-Studie von Walter Hallegger, mit Hilfe derer bei Wilkens die Werbekonzeption für den Modelljahrgang 1965 festgelegt werden sollte, dauerte von Anfang Februar bis Mitte Juni 1964, fast zwei Monate länger als geplant. Befragt wurden in diversen Gesprächen „108 Citroën-Halter der großen Modelle," außerdem „41 Besitzer von PKW's der 2-Ltr.-Klasse, davon 13 Mercedes-Benz-Fahrer (190, 220, 220 S und 220 SE), 17 BMW-Fahrer (BMW V8, 1500 und 1800) und 11 Opel-Kapitän-Fahrer." Die Citroën-Fahrer teilten sich in „33 Halter oder frühere Halter eines DS-19-Modells. Der Rest

(75) fuhren z.Zt. oder früher ein ID 19-Modell." Zum Alter der D-Modelle bei den Befragten heißt es: „Davon 28 mit einem Wagen, der 1964 neu gekauft wurde, 40 Modelle aus den Anschaffungsjahren 1962-1963, 22 mit Neuanschaffungen der Jahre 1960-1961 und 18, die ihren Wagen 1959 und früher neu erstanden." Auch die Berufe und Regionen der Befragten wurden fein gesplittet, die Vergleichs-Fahrer „ähnlich wie bei der Citroën-Gruppe nach Stadt und Land und Region verteilt."

Die Hallegger-Studie fragte nach dem Image von Citroën, teilte diese Frage dabei auf in Einzelfragen nach dem „Made-Image" und dem „Produkt-Image". Beim ersten Thema kam heraus: „Citroën gilt in unserem gesamten Befragungskreis, mit mehr oder weniger deutlichen Einschränkungen, als einer der fortschrittlichsten Automobilhersteller Europas, sowohl was sein Konstruktionsbüro, als auch was seine Fabrikationsmethode und seinen Ausstoß betrifft." Einschränkend: „Französische Automobile gelten im Kollektiv-Urteil als fahrerisch besonders gelungen, aber in der Fertigung als zu schnell und etwas oberflächlich gebaut."

Beim Produkt-Image kristallisierten sich für den Psychologen drei erkennbare Fahrer-Gruppen heraus: A war „die Gruppe derjenigen, die heimliche Mercedes-Benz-Käufer waren oder immer noch sind und die sich einen Citroën angeschafft haben, weil Daimler-Benz Lieferschwierigkeiten hatte oder hat". B war „die Gruppe der eigentlichen Citroën-Enthusiasten" und C „die Gruppe der Funktionell-Eingestellten."

Interessant sind die Erläuterungen: „Die Gruppe A, die sich aus den heimlichen

Der Besucherstrom auf dem Citroën-Stand der IAA 1959 bewegte sich zu allen Modellen: 2 CV, ID, DS

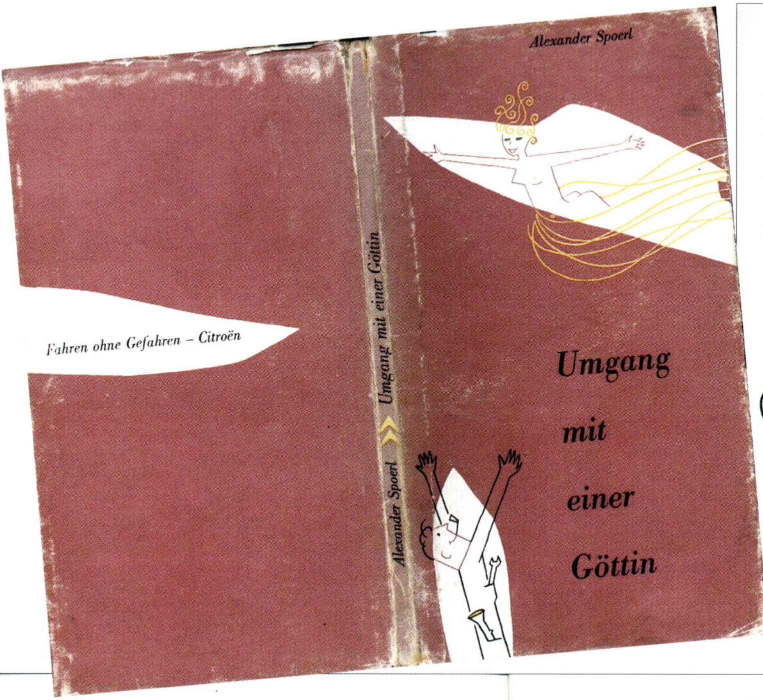

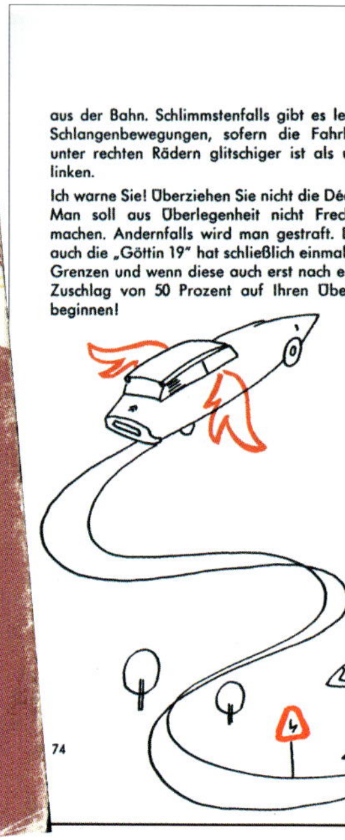
aus der Bahn. Schlimmstenfalls gibt es le
Schlangenbewegungen, sofern die Fahr
unter rechten Rädern glitschiger ist als
linken.

Ich warne Sie! Überziehen Sie nicht die Dé
Man soll aus Überlegenheit nicht Frec
machen. Andernfalls wird man gestraft.
auch die „Göttin 19" hat schließlich einmal
Grenzen und wenn diese auch erst nach e
Zuschlag von 50 Prozent auf Ihren Übe
beginnen!

74

Es dürfen nur folge...
Flüssigkeiten verwendet werden:

Lockheed HD 19 ★
Shell Donax D ★
Stop SP 19 ★
Castrol HF ★
Pentosin 259 ★

wichtig

Alle 5000 km
Flüssigkeit im hydraulischen
prüfen!

Alle 30000 km
Reinigung der hydraulischer
wie folgt:
Ablassen der hydraulischen
Neuauffüllen der hydraulisc
mit der vorgeschriebenen hy
Flüssigkeit (kein Mineralöl)
Sorgfältige Entlüftung der ge
Anlage

Linke Seite: 1959–1960 hatte die Agentur Wilkens für Citroën ein gemeinsames Auftreten geschaffen: Pflegedienstheft und das legendäre Büchlein von Alexander Spoerl wiesen die gleiche Art Grafik auf

Rechte Seite: Zwei Anzeigen (aus *hobby*) der Jahre 1959-1960 aus dem ersten Zyklus der Reihe „Fahren ohne Gefahren". Unten wurde jeweils auf die Bestellmöglichkeit der Spoerl-Broschüre hingewiesen

Mercedes-Benz-Käufern rekrutiert, entstand vornehmlich in den Jahren 1961-1963. Daimler-Benz hatte große, bis zu 19 Monate reichende, Lieferschwierigkeiten, der Opel Kapitän war durch das Aufkommen des neuen Opel Rekord (...) diskreditiert. Jedermann glaubte zu wissen, dass nun auch ein neuer Kapitän folgen müsse. BMW bot neben dem (...) großen V8 noch kein akzeptiertes Äquivalent, Borgwards Isabella und der große Borgward waren vom Markt gekommen, Volvo hatte keinen namenswerten Kundendienst. Als Ausweg bot sich da leicht Citroën oder Peugeot an." „Diese Gruppe vergleicht den Citroën offen oder versteckt, eingestanden oder uneingestanden, andauernd mit dem Pendant: dem Mercedes-Benz. Sie bezeichnet den Citroën als das Prestige-Pendant zu Mercedes-Benz, wobei die Typenbestimmung im Pendant-Bereich zwischen dem 190er und dem 300er SE schwanken kann. Im Vergleichsurteil ist sie aber viel aggressiver und kritischer als die übrigen Gruppen. Citroën könne nur von der Idee, von der konstruktiven Seite her volles Lob gezollt werden, was die Verarbeitung und die Qualität des Wagens betrifft, wäre Citroën eindeutig dem Mercedes-Benz unterlegen."

„Die Gruppe B wird aus Citroën-Enthusiasten gebildet. In dieser Gruppe ist man der Auffassung, daß die Citroën-Modelle DS und ID 19 kein vergleichbares Pendant auf dem deutschen Automobilmarkt, ja, überhaupt in der Welt haben. Die Citroën-Modelle werden zwar nicht widerspruchslos hingenommen, auch hier ist Kritik vernehmbar, aber sie ist über-

Laut Citroën-Studie besaßen die Scheibenwischer des DS 19 in Deutschland kein gutes Image

Die Technik des DS, hier der neue DS 21 von 1965, weckte stets Interesse, auch das der Ordnungshüter

deckt von positiven Einstellungen und Bewertungen. Die Fehler der Citroën-Modelle werden weitgehend in Kauf genommen, sogar in manchen Fällen mit viel Geschick und Tücke wegrationalisiert." Manch Citroën-Fan findet sich durch diese psychologische Beschreibung auch 40 Jahre später noch wieder!

„Die Gruppe C, aus den Funktionell-Eingestellten gebildet, fand besonders zum Citroën, weil er „der sicherste Wagen der Welt" ist, „weil er nicht umfallen kann", „weil dieser Wagen im Verkehr überleben läßt". Aber auch hier wird Kritik z. T. sehr massiv geäußert." Zur Verteilung der Fahrer-Gruppen gaben die Werbe-Analysten auf Seite 17 der Studie folgende Auskunft: „Wir können im Rahmen dieser Studie die Größenordnung der aufgefundenen Gruppen nicht repräsentativ-numerisch für alle Citroën-Halter bestimmen. Bei uns war die Gruppe A mit ca. 9%, die Gruppe B mit ca. 15% und die Gruppe C mit ca. 76% vertreten." Ergänzt wurde in einer Anmerkung: „Vergl. auch Tabelle IV–allgemeine Kraftfahrertypen–, die dort ausgewiesenen Zahlen decken sich mit diesen Gruppen-Phänomenen."

Auf den Seiten 18–21 wurden in der Citroën-Fahrerstudie 1964 die Haupt-Kritikpunkte aller Gruppen in fünf „Ambivalenzen" zusammen gefasst. Ambivalenz 1 „bezieht sich auf die schon vorgebrachte Diskrepanz zwischen Idee und Verarbeitung des Wagens. (...) Gerade einem Citroën – so konnten wir tiefenpsychologisch eruieren – wird eine Erwartungshaltung im Hinblick auf die Fertigung entgegengebracht, die bereits ans technisch Unüberbietbare grenzt. Die Grundidee des Wagens inauguriert einen derartigen Wunsch."

Ambivalenz 2 „betrifft einen der stärksten Punkte von Citroën, die Sicherheit. Dem

Wagen wird von allen Citroën-Besitzern ein geradezu ideal sicheres Fahrverhalten, bedingt durch das Fahrwerk, die Hydropneumatik, die Bereifung und die Scheibenbremsen zugesprochen, aber der Anzug, die Beschleunigung werden nicht als voll zufriedenstellend erlebt. Man wünscht sich eine bessere Akzeleration, einen Motor, der mehr hergibt und der auch in gefährlichen Situationen noch Reserven hat." Interessant für einen anderen Artikel dieses Jahrbuchs ist die folgende Anmerkung auf Seite 19: „Hier wird immer wieder ein PS-starker Sechszylinder-Motor gewünscht."

Unter Ambivalenz 3 fasst die Studie merkwürdige Einstellungen zusammen: „Sie bezieht sich hier nur auf die automatische Schaltung, ist also ein reines DS-Problem. Die automatische Schaltung entspricht der Wunschkonzeption einiger Halter. Sie wird aber in der jetzigen Form nur als eine „Halbheit" erlebt. Was fortfällt ist nur das Kuppeln, nicht aber das manuelle Schalten, das das eigentlich Lästige und Behindernde ist. Der (sic! AdR.) wird in diesem Bereich nur als „halbautomatisch" empfunden. Außerdem habe diese Art von Schaltung ihre Tücken, man könne beim Schritt fahren nicht ohne zu rucken in den ersten Gang, könne das Anfahren nicht richtig dosieren (Wagen macht einen Sprung) und wäre „eigenartig entmachtet"

Linke Seite: Die fünf Motive der alten Kampagne hatten 1960-1961 ihr je eigenes Themen-Symbol

Rechte Seite: Die neue Kampagne „Fahren ohne Gefahren" verwendete ab 1962 Bewegungs-Fotos

(der Wagen schaltet, wenn er will)." Die letztere, technisch fast unmögliche Bemerkung kommentierte wohl die handschriftliche Anstreichung des PR-Chefs in dem uns vorliegenden Exemplar der Studie: „Keine Ahnung, Widersprüche!" Grundsätzlich fällt DS-Kennern wahrscheinlich auf, dass das Einstellen und Fahren der Halbautomatik zur Zeit des Neuverkaufes, also bis 1975, die gleichen Probleme bereitete wie 30 bis 50 Jahre später als Oldtimer.

Ambivalenz 4, beschrieben ab Seite 20, „bezieht sich auf die Hydropneumatik, die sich–vom Psychologischen–als die Image-Dominante im product-image abzeichnet. Sie gibt dem Wagen das „eigenartig Belebte", „Eigenleben", „etwas Roboterhaftes", „etwas Eigenwilliges", „etwas, das mitdenkt", „mithandelt", „sich selbsttätig miteinschaltet", „was die enorme Leistung im Fahren vollbringen hilft", „das Niveau des Wagens verstellen kann", usw. Sie sondert heute noch dieses Automobil von den anderen stahlgefederten ab. Besonders die Gruppe B ist geradezu fasziniert von diesem „Prunkwerk", von diesem Kreislauf der Kraft". Aber: beim kleinsten Defekt an dieser Anlage ist der ganze Wagen fahruntüchtig. Und dieses Wissen um die „Verletzlichkeit dieses Wagens" frustriert viele Citroën-Besitzer. „Je älter der Wagen wird, umso mehr Sorge hat man, daß man einmal ganz hängen bleibt."

Ambivalenz 5 „bezieht sich auf das konstruktive Durchdachtsein bis ins Detail. Einerseits lobt man die große Linie des Konzepts, die funktionelle Form, die Tatsache z.B., daß man einen eingebeulten Kotflügel abschrauben und zur Reparatur und zum Lackieren in der Werkstatt

Stolz wurde der Monte-Sieg eines ID 19 1959 von Citroën mit dieser Broschüre vermarktet – Image zählt

lassen und weiterfahren kann, andererseits wieder stört man sich empfindlich an der minimalen Wischleistung der Scheibenwischer." Als wenn Citroën in Paris das Ergebnis dieser Studie für Köln gehört hätte, erschienen DS 19 und ID 19 ab August 1964 mit parallelen, neu gestalteten Scheibenwischern!

Generell hält die Studie fest: „Im großen und ganzen werden dem Fahrzeug aber keine chronisch-fabrikatorischen Mängel, etwa wie bei anderen Fabrikaten nachgesagt, wo es dann heißt: das Getriebe wäre ein schwacher Punkt (z.B. BMW und Mercedes-Benz 220) oder die Karosserie (bei Opel) u.a.m. Es ist, trotz der Ambivalenzen, die ja mehr den Erlebnisbereich dieses Automobils meinen, mit den anderen 2-Ltr.-Wagen verglichen, „erstaunlich gesund", perfekt und ausgereift."

Ab Seite 22 veröffentlichten die Psychologen noch „weitere Ergebnisse der Explorationen und Tests". Besonders interessant ist dabei ein Markenvergleich: „ Das Prestige-Pendant von Citroën ist – unserer Befragung zufolge – der Mercedes-Benz. (...) Die Citroën-Modelle DS und ID 19 haben also einen außerordentlich hohen Prestige-Wert. Sie gelten in Deutschland als Wagen der „großen Klasse". (...) Das Prestige dieses Fahrzeugs in Deutschland ist aber mehr in seiner „eigenwilligen Exklusivität", in seiner „einmaligen Sonderstellung" begründet. Wer einen großen Citroën fährt, zählt sich zu einer bestimmten Gruppe von Kennern hinzu und ist erhaben über das „billige Prestige" des deutschen „Mercedes-Adels". Citroën-Fahrer wissen, daß der „große Citroën" den Mercedes-Modellen der 2,2-Ltr.-Klasse vom Funktionellen her gesehen nicht nur ebenbürtig, sondern sogar überlegen ist. Sie wissen aber, daß er nur als „Außenseiter“ psychologische Prestige-Währung ist. Im sozialen Herzeige-Umgang muß man ihn immer wieder „wechseln“, bevor man ihn verständlich „in Zahlung gibt“, d.h. so ausspielt und akzeptabel macht, daß er seinen inneren Werten gemäß bewertet wird.“

Ab Seite 28 schildert die Studie von Walter Hallegger die typischen Citroën-Fahrer. Sie ging dabei von einer allgemeinen Untersuchung der Fahrertypen „einer großen Mineralölgesellschaft“ aus, die für das ehemalige Bundesgebiet vier Haupt-Typen ermittelte: A der emotionale Typ, B der Zweckmäßigkeitstyp, C der Hobbyist und D der Prestige-Typ. „75% der von uns befragten Citroën-Halter bekannten sich ihrer Einstellung nach zum Zweckmäßigkeitstyp. (...) Für 15% unserer Befragten war der Wagen ein Gegenstand des technischen Interesses. Nur 9% unseres Befragtenkreises erweisen sich als zum Prestige-Typ zugehörig.“

Der erste Band der „Citroën-Studie 1964“ schloss auf Seite 33 mit dem Fazit: „Als typischer Citroën-Fahrer wird also ein „junger, technisch interessierter, intelligenter, im Leben planender, umsichtiger Mensch“ angesehen. Zu diesem Typ passt dieser Wagen, der selbst eine Kreation eines solchen modernen Geistes ist.“

Bei der Jubiläumsfeier zum 50. Geburtstag des berühmten Citroën, vom 7. bis 9. Oktober 2005, wird sich das Publikum in Paris davon überzeugen können, ob Fahrer und Fahrzeuge immer noch wie für 1965 analysiert zusammen passen.

In Rallyes auf Schnee häufig siegreich. Ob auch die private DS-Kundschaft diese Eigenschaft interessierte?

Große Klasse!

Citroëns 6- und 8-Zylinder-Modelle
von Ulrich Knaack

Manche Automarken, zum Beispiel aus Bayern, basieren ganz auf dem Image ihrer Antriebsaggregate, sogar bis in den Firmennamen. Viele Benutzer und selbst Fans halten Citroën hingegen für eine Automobil-Marke, deren Spezialität nicht die großen Motoren seien – wie zu belegen sein wird, weitgehend ein historisches und technisches Fehlurteil. Denn die Doppelwinkelmarke hatte stets großartige Ingenieure und Entwickler als Mitarbeiter, die außergewöhnlich standfeste und solide Motoren schufen, auch jenseits der seit 1919 üblichen Reihen-Vierzylinder.

Eine zweite, häufig gerade bei deutschen Journalisten vorzufindende Annahme lautet, Citroën sei nicht als Oberklasse-Marke einzuschätzen. Image und Renommee der „Oberklasse" hingen bei Automobilen seit den 1920er Jahren stark von der Zylinderzahl ab. Nur Autos mit Sechszylinder- oder gar V8-Antrieb galten und gelten bei den Käufern als prestigeträchtig, häufig jenseits aller technischen Leistungswerte und natürlich jenseits aller Vernunft.

Was auch immer Oberklasse eigentlich heißt, der automobile Klassenbegriff hat sich mit den Jahrzehnten ja häufig stark gewandelt und wird dies weiterhin tun, die Ursache der beiden Einschätzungen scheint darin zu liegen, dass die großen Namen der französischen Autoindustrie, insbesondere aber André Citroën, von Anfang an bezahlbare Autos für die breite Masse schaffen wollten, und erfolgreich schufen. In einer Zeit, in welcher der Mehrheit des Volkes eine nach ihm benannte deutsche Automarke schlicht zu teuer geworden ist und sich beide PSA-Marken auch in Deutschland wachsender Beliebtheit erfreuen, könnte es passen, auf die „große Klasse" bei Citroën hinzuweisen. Der neue C 6 wird nämlich im September 2005 nicht ohne ein lange Reihe von Vorgängern dastehen. Sechs- und Achtzylinder-Motoren gehörten auch bei Citroën schon früher zum Programm, nur war die Marke ausgerechnet im viel stärker beachteten Oberklasse-Segment schon mehrfach glücklos.

Dieser einladend geöffnetete C 6, der erste Citroën mit Sechzylinder, zeigte auf dem Kühlergrill stolz die Zylinderzahl „SIX"

An seinem Emblem „8“ im Kühlergrill zu erkennen, der 22 CV (oben) mit V-Achtzylinder von Citroën (unten)

Beginn mit Heckantrieb

Der Beginn der Oberklasse mit Doppelwinkeln war typisch: André Citroën hatte seit 1919 bereits mehrere Hunderttausend von Automobilen produziert, als der erste Sechszylinder im Oktober 1928 vorgestellt wurde. Er hieß wie der neue Hoffnungsträger für 2005: C6. Die Serieneinführung des im Baukastensystem auf zweieinhalb Liter Hubraum vergrößerten C4, denn nichts anderes war der erste C6, führte zunächst nicht zu den erhofften Stückzahlen, da der Sechszylinder- dem Vierzylindermodell viel zu ähnlich sah. Also wurde schon 1929 die C6-Karosserie verlängert und verbreitert, der erste große Citroën bekam charakteristische Ziermerkmale wie Doppelstoßstangen und Felgen. Immerhin: Bis 1933 kontinuierlich weiterentwickelt, verkaufte man den C6, der übrigens auch in Deutschland 682 Mal montiert wurde, weltweit in über 60.000 Einheiten. Den Vierzylinder setzte Citroën dagegen im gleichen Zeitraum vier Mal so viel ab, in Deutschland wurde er über 4.800 Mal gefertigt.

Im Oktober 1932 debütierte der Nachfolger mit der schlichten Typbezeichnung 15, der wie seine kleinen Schwestermodelle 8 und 10 meist nur nach den Yacco-Rekordwagen auf seiner Basis genannt wurde: Rosalie. Die Sechszylinder-Rosalie, nach dem gleichen Rezept wie der C6 gebaut – in einheitlicher Grundkarosserie mit differierenden Zierteilen und Details, der Motor im Baukasten-Prinzip um zwei Zylinder erstarkt – gab es sogar in der Variante „Grand Luxe“ mit verbessertem Interieur. Bis 1935 verkauft sich der letzte große Doppelwinkel-Hecktriebler in 7.228 Einheiten, 50 davon waren wieder in Deutschland montiert worden. Von den Typen 8 und 10 wurden

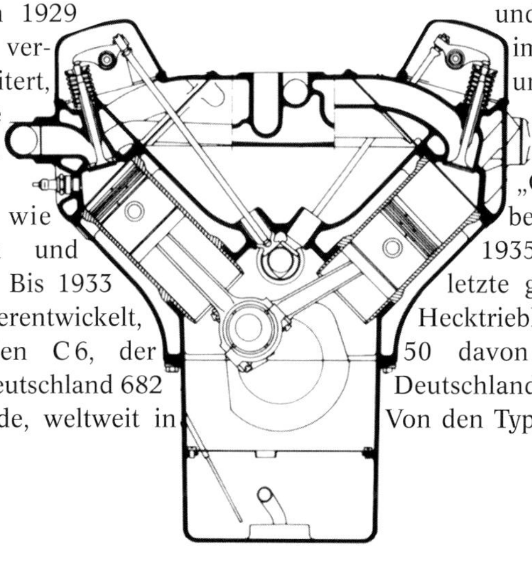

zeitgleich rund 88.000 Stück abgesetzt, in Köln montiert davon 2.346 Exemplare.

Sensation, doch keine Serie

Der erste Citroën mit V8-Motor wurde im Oktober 1934 auf dem Pariser Salon vorgestellt. Sein eher unscheinbarer Name lautete 22 CV. Es handelte sich bei ihm um die Achtzylinder-Variante des zuvor im April 1934 neu eingeführten Vierzylinders 7 CV mit Frontantrieb, nach welchem die gesamte Baureihe bald Traction Avant benannt wurde. Doch mehr als einige Prototypen und Vorserien-Fahrzeuge für Ausstellungen wurden nicht gebaut. Der Motor des 22 CV war übrigens eine Eigen-Entwicklung von Citroën. Die Maße für Bohrung und Hub, also auch die Bohrwerke für die zwei Zylinderbänke im 90-Grad-Winkel sowie für die Zylinderköpfe, entsprachen den späteren Maßen von Traction und DS: 78 x 100 mm. Die Citroën V8-Maschine mit 3.822 ccm Hubraum leistete 79 PS bei 3.500 Umdrehungen. Man hatte im Vorfeld auch V8-Motoren von Ford im neuen großen Citroën getestet, zumal Eigner André stets engste Kontakte nach Dearborn pflegte. Doch der Drehmoment-Verlauf des Citroën-Motors, der bei 1.000 Touren bereits 31,6 PS abgab, übertraf den mit maximal 89 PS eigentlich stärkeren Ford-Motor, der nur 26,8 PS bei 1.000 Umdrehungen leistete. Da Citroën jedoch durch immense Investitionen ohne Rücklagen und durch das Spekulieren auf künftige Absätze spätestens im Frühjahr 1934 in bedrohlichen finanziellen Nöten steckte, ging die Firma André Citroëns im Dezember 1934 in Konkurs. Die Familie Michelin, einer der Haupt-Gläubiger, übernahm das finanziell angeschlagene, aber technisch brillante Unternehmen. Risiken waren noch nie Steckenpferd der traditionsreichen Reifen-Dynastie aus der Auvergne gewesen, daher wurde kurz nach der Übernahme die Einstellung des 22 CV beschlossen. Dabei hätte der erste Citroën-V8 mit seinen Fahrleistungen von über 140 km/h Mitte der 1930er Jahre weltweit Einzigartiges geboten: Ein moderner, kopfgesteuerter V8-Motor in Verbindung mit Frontantrieb und einem bald als sicherstes der Welt bekannten Fahrwerk in einer selbsttragenden Ganzstahlkarosserie – welche Kombination!

V8 kehrt als Reihen-Sechser zurück

Doch manche Idee des 22 CV, so gab auch Motorenentwickler Maurice Sainturat zu Protokoll, wurde später wieder aufgegriffen. Immerhin war ja das legendäre Entwicklerteam bei Citroën seit 1933 unter Leitung des als genial bekannten André Lefèbvre bis in die 60er, teils sogar 70er Jahre das gleiche geblieben. 22 CV-Kenner Fabien Sabatès, der dem sagenumwobenen Wagen zum 60. Geburtstag 1994 ein ganzes Buch widmete, kam

zu dem plausiblen Schluss: Der mit weniger Aufwand und kaum unterscheidbarer Karosserie ab 1938 unter Michelin-Ägide gebaute Traction 15 CV war das logische Ergebnis der Einstellung des fertig entwickelten 22 CV. Übrigens verfügte der Fünfzehner (siehe andere Berichte in diesem Jahrbuch) mit 78 PS (in Deutschland maß man 77) über genau den geplanten „Dampf“ des ersten V8. Mit seinem Reihen-Sechszylindermotor erwarb Citroën sich bis über die Mitte der 1950er Jahre hinaus Respekt und Anerkennung.

Dennoch war Citroën stets die Marke der technischen Vernunft geblieben. Das bloße Image der Zylinderzahl, das seit den 1930er Jahren in den USA galt, war für Citroën selbst von Anbeginn uninteressant. Ein Vorbild übrigens, das Konkurrent Renault als verstaatlichtes Unternehmen ab 1945 erfolgreich übernahm. Ein französisches Auto der Nachkriegszeit hatte stets sparsamer als andere europäischen Autos zu sein, seine Leistung sollte für alle Anforderungen genügen. Und mit über 140 km/h war der große Citroën 15 CV, gebaut 1938 bis 1940 und 1947 bis 1956 in etwas mehr als 50.000 Einheiten, auf Europas Straßen wirklich schnell, im sicheren Fahren nur von Rennwagen zu schlagen.

Gern wird übersehen, dass auch ein 15 CV, das Modell 6 H, im März 1954 als erstes Serienauto mit Hydraulik-Federung von Citroën vorgestellt wurde. Tatsächlich besaß der 6 H bereits sämtliche Aggregate des späteren DS 19 für seine weiche Dämpfung, wenn auch hydraulisch nur an der Hinterachse. Die äußerst repräsentative Kombination aus Sechszylinder-Motor, viertüriger Karosserie und hydraulischem Fahrwerk sollte es erst 1989 mit dem XM V6 wieder geben.

Prestige mit Vierzylinder

Für den bereits seit Ende der 30er Jahre im Hintergrund vorbereiteten Nachfolger des Traction Avant waren im Laufe der umwegreichen Entwicklung hin zum DS zahlreiche Motorisierungen vorgesehen. Bis 1952 hatten dabei stets Sechszylinder in Boxer-Anordnung den Vorzug erhalten, je eine luft- und eine wassergekühlte Variante werden im Conservatoire Citroën heutzutage stolz gezeigt. Doch bei Vorbereitung des Serienbeginns, in den Jahren 1952 bis 1954 herrschte derartiger Mangel in Frankreichs Automobilwirtschaft, und der gefürchtete Rotstift der Michelin-Familie wirkte derart gespitzt, dass schließlich nur eine modernisierte Variante des Traction-Vierzylinders den revolutionären DS 19 antrieb. Dieses „nur“ allerdings stellt genau wieder eine jener eingangs zitierten Missachtungen dar, denn die Citroën-Techniker hatten mit Querstrom-Aluminium-Zylinderkopf dem Grauguss-Motor mit höchstmöglich liegender seitlicher Nockenwelle das Fliegen beigebracht, ohne dass seine Haltbarkeit ir-

Mit dem Erscheinen des eleganten SM im März 1970 gab es kein Vertun mehr: Citroën baut Oberklasse-Autos

gendwie gelitten hätte. Ein DS 19-Motor leistete mit vier Zylindern und 1900 ccm Hubraum annähernd dasselbe (75 PS) wie der Sechszylinder des 15 CV (77 PS), verbrauchte dabei erheblich weniger, brachte geringeres Gewicht auf die Waage und beflügelte den aerodynamischen Wagen in die Region oberhalb von 140 km/h.
Ein motortechnisch großer „Wurf" gelang den Citroën-Entwicklern mit den 1965 erschienenen 5-Lager-Motoren des DS. Sie dienten, zuerst als DS 21 mit 100 PS herausgebracht, als Basis nicht nur aller künftigen DS-Motoren, bis hin zum Modell 23 ie mit 126 PS, vielmehr stellten die Vierzylinder auch die Grundlage (fast) sämtlicher CX-Motoren bis 2,5 Litern Hubraum dar, die als Turbo-Benziner später bis zu 168 PS leisten sollten, als ladeluftgekühlte Turbo-Diesel gar bis 120 PS.

Diverse Versuche

Obwohl also mit den eigenen Motoren stets ausreichend und wahrlich nicht langsam motorisiert, suchten die Entwickler bei Citroën seit Anfang der 60er Jahre emsig nach schnelleren und vor allem prestigeträchtigen Motoren für einen DS-Nachfolger beziehungsweise für einen Sport-DS. Ingenieur Walter Becchia hatte einen Vierzylindermotor mit obenliegender Nockenwelle und Vierventil-Kopf längst fertig, für einen künftigen Sport-DS wurden 1960 bis 1965 eigene V6- und V8-Motoren gebaut und getestet. Doch immer wieder entschied der Rotstift aus Clermont-Ferrand, die Kosten niedrig zu halten und nicht zu viel zu investieren. So blieb der DS vom Motoren-Prestige her ein Auto der oberen Mittelklasse, auch wenn er ganz ohne Zweifel Fahren der Oberklasse bot und sich mit seinen über 1,4 Millionen verkauften Exemplaren weit in bisher für Citroën verschlossene Kreise der sozialen Oberklasse vorwagte (siehe auch den Artikel zur DS-Fahrer-Studie in diesem Jahrbuch).

Über-DS mit Luxus-Bonus

Die zahlreichen Entwicklungen für einen Sport-DS mündeten 1970 bei Citroën in einem aufregenden Serien-Coupé, dem SM. Und ausgerechnet dessen Motor mit legendärem Hersteller-Namen Maserati sorgte zwar für großen Respekt, jedoch wieder einmal für das falsche Bild, Citroën sei nicht in der Lage gewesen, selbst einen schnellen Motor zu konstruieren. Häufig wurde gar angenommen, der 1967 erfolgte Kauf der Modeneser Firma

Maserati, deren Leitung ab 1968 ganz bei Citroën lag, sei erst Anlass gewesen für den Motor des Gran Tourismo auf DS-Basis. Anders herum dürfte es wohl eher richtig sein. Denn Citroëns Entwickler hatten bereits im Frühjahr 1963 Maseratis Chef-Ingenieur Giulio Alfieri kontaktiert. Per Mittelsmann wurde jenem der Auftrag angedient, einen 2,7 Liter großen V6 mit 90 Grad Zylinderwinkel, ungewöhnlich für einen Motor dieser Bauart, zu entwerfen, der rund 170 PS haben solle, möglichst wenig wiegen und definiert kurz und flach bauen sollte. Alfieri, der damals neben der Entwicklung des künftigen V8 mit vier bis fünf Litern Hubraum auch einen rund dreieinhalb Liter großen V8-Motor entworfen hatte, benutzte für den ersten Prototypen des künftigen C 114-Motors den Block dieses Achtzylinders und kürzte ihn um zwei Zylinder.
Binnen weniger Wochen war der von Citroën konzipierte Motor von Alfieri entworfen worden und überzeugte, zunächst die skeptischen Techniker, dann die Herren bei Michelin. Man kann vermuten, dass die 1967 eingeleiteten Verhandlungen mit den Orsi-Brüdern zum Kauf von Maserati aus diesen Kontakten entstanden.

„Europa-Motor“: italienischer Maserati-V6 mit deutscher D-Jetronic für den französischen SM

Der C 114-Motor des SM, den auch der Maserati Merak und einige Ligier-Sportwagen später benutzten, wurde übrigens die meistgebaute Maschine in der italienischen Sportwagenschmiede. Seine chronischen Kettenspanner-Problem ärgerten Herrn Alfieri zeitlebens, denn sie gingen von deren Herstellerfirma in England aus, lagen nicht in der für einen Voll-Alumotor ausgesprochen langlebigen Grund-Konstruktion. Das Citroën-Image litt durch diesen V6-Motor, obwohl merkwürdigerweise die anfänglich mangelnde Haltbarkeit beim Publikum durch den Klang des Namens Maserati wettgemacht wurde. Ein legendärer Name zählt im Verkauf häufig mehr als tatsächliche Fakten.
Was niemand wusste: Der SM war neben dem V6 aus Modena sowohl mit einem eigenen Citroën-Vierzylinder als Einstiegsmotorisierung vorgesehen gewesen, eben jenem erwähnten Becchia-Motor mit den zwei obenliegenden Nockenwellen und rund 2,4 Litern Hubraum, als auch in einer viertürigen Variante, die dann sicherlich unwidersprochen als Oberklasse gewirkt hätte. Citroëns damaliger Direktor Pierre Bercot, selbst ein bei Michelin ausgebildeter unerbittlicher Kostenrechner, bedauerte später im Interview mit Roger Brioult: „Für mich sollte der SM eine Art Super-DS sein. (...) Er sollte sowohl den DS-Motor bekommen, aber mit vier Ventilen pro Zylindern, der ihn 205 km/h schnell gemacht hätte, als auch den Maserati V6, gut für 240 km/h. Er sollte wahlweise mit dem einen oder anderen Motor angeboten werden, sowohl als viertürige Limousine als auch als zweitüriges Coupé. (...) Es war die Direktion von Michelin, die sowohl den Vier-

zylinder als auch den Viertürer ablehnte. Bedauerlich, der SM sollte in 50 Einheiten pro Tag produziert werden."
Michelin hatte also entschieden, wieder einen luxuriöseren Citroën zu bauen, und setzte dafür allein auf den guten Klang der italienischen Dreizack-Marke, trauter dem Citroën-Image nicht.
Als wäre das Schicksal jeweils ungünstig, wenn Citroën ein Oberklasse-Auto herausbringt, stagnierten nach 1972, dem besten SM-Jahr mit so vielen US-Exporten wie nie zuvor, die Verkäufe. Die erste Ölkrise von Ende 1973 bis 1974 kam für Citroën genau zum falschen Zeitpunkt. Zum Verhängnis wurde dem SM, der nur knapp 13.000 Mal gebaut wurde, der 1974 erfolgte Verkauf an die Firma Peugeot, die analog zu Michelin 1935 beim 22 CV sofort die luxuriöse Oberklasse Citroëns aus dem Programm strich. Nach derselben Logik vorgehend hätte heute weder Volkswagen einen Phaeton länger als drei Monate im Programm gehabt, noch BMW den letzten Siebener nach seiner Präsentation beibehalten. Es wirkte sich ungünstig für Citroën im Laufe seiner langen Geschichte aus, dass die Firmeneigner jeweils knapp bei Kasse waren, die Investitionen gering halten wollten.
Übrigens wurde auch ein V8-Motor für den SM bei Maserati gebaut, jedoch blieb es bei zwei Prototypen. Der zirka 1974 gefertigte Motor, an den sich Herr Alfieri, der im März 2002 verstarb, noch gut erinnern konnte, trug auf einem eigens gegossenen Block Zylinderköpfe, die aus je zwei C 114-Motoren zusammenge-

Einzelstück in deutscher Sammlerhand: Der (Vergaser-)Maserati-V8 des SM mit seinen Einbauspuren

Oben: Mit dem CX GTi Turbo der Serie 1 fegte Citroën ab Herbst 1984 mit 168 PS die linken Spuren leer

Unten: Der Turbo gab sich 1988 wie die gesamten Serie 2-CX glattflächiger, seine Ausstattung war reich

schweißt waren. Man hatte also auch in Modena, ob auf Geheiß aus Paris, oder, was wahrscheinlicher ist, eigenmächtig, die Idee eines wirklich großen, repräsentativen Citroën verfolgt. Robert Opron, 1964 bis 1974 Chef-Designer bei Citroën, welcher auch die bis heute benutzten Präsidentenwagen Frankreichs entwarf (erst auf DS- dann auf SM-Basis) fasst die mehrfachen Direktions-Entschlüsse gegen große, repräsentative Citroën in zwei Worte zusammen: „Kein Geld!“

Das gleich Spiel: Mit vier

Beim 1974 erschienenen DS-Nachfolger CX, noch vollständig in der Michelin-Ära entwickelt, kam wieder das gleiche Ergebnis wie beim DS zum Kunden: Durchgängig wurden Reihen-Vierzylinder verbaut. Dabei waren neben einem kleinen 1800er Boxermotor auch solche technischen „Schmankerl“ wie der Maserati-V6 des SM sowie der hauseigene Comotor-Wankel fest eingeplant, im Gegensatz zum GS Birotor sogar als Dreikammer-Motor mit rund 170 PS. Doch die neuen Herren im Hause Citroën namens Peugeot, wieder ein Familienunternehmen, das genau wie Michelin vor allem eins konnte, rechnen und das Geld zusammen halten, strichen wie gehabt sämtliche Varianten. Der CX erschien sogar im ersten Produktjahr unterhalb des DS positioniert, nur mit dessen 2- und 2,2-Liter-Maschinen, kletterte dann aber unaufhörlich den Leistungsberg hinauf. Mit dem 1976 erstmals präsentierten Lang-CX namens Prestige hatte Citroën dann sogar wieder ein Fahrzeug im Angebot, das auch exquisitesten Ansprüchen genügte. Fritz B. Busch und andere deutsche Tester stuften es weit oberhalb eines

Den 1989 vorgestellten XM mit seiner typischen Fenster-Seitenlinie mit Knick gab es von Anfang an auch als V6

Stetig war Citroëns Mittelklasse aufgestiegen. Beim Xantia lag der Doppelwinkel bereits im oberen Sektor

Rolls Royce ein, einmal mehr des für Citroën typischen Fahrwerks wegen. Mit dem Diesel-CX „entzauberte" Citroën erstmals das Selbstzünder-Image, welches damals noch angeblich nicht zum Luxus passte. Was in Schwaben nicht gelang, wurde liebstes Kind der neuen Alliance Peugeot-Citroën. „Ein Diesel wie Champagner", 1987 für den CX TD 2 lanciert, war nicht nur ein Werbespruch. Die Doppelwinkelmarke hatte nach dem schnellsten Fronttriebswagen der Welt (SM 1970) nun den schnellsten Diesel der Welt in ihrem Programm. Dennoch: Die prestigesuchenden Stimmen verstimmten nicht, welche dem CX mit seinem bis 230 km/h tauglichen Fahrwerk einen noch repräsentativeren Motor wünschten. Gemeint waren mit Prestige dabei stets mehr als vier Zylinder und viel Hubraum.

Nun wieder: Sechs

Der ab 1. März 1989 im Werk Rennes produzierte XM erschien von Anfang an als „großer Citroën". Seine äußeren Dimensionen ähnelten denen des CX (Radstand statt 2845 beim XM 2850 mm, Gesamtlänge statt 4666 beim XM 4708 mm), jedoch war der Innenraum deutlich größer und die Front wirkte einfach breiter. Den Oberklasse-Anspruch unterstrich Citroën sowohl verbal in Anzeigen und Prospekten als auch durch die Motorisierung, die gleich von Anfang an neben dem Vierzylinder-Zweiliter aus der in Metz-Trémery produzierten XU-Serie den in Douvrin produzierten V6 der ZPJ-Reihe vorsah. Dessen Vorgänger-Versionen (ZM, ZMJ usw.) hatten sich in den Peugeot 504 Coupé und 604 sowie in den Renault 30, 25 und Alpine V6 bereits seit 1975 bewährt. Der V6 des XM mit 2,7 Litern Hubraum besaß seines 90 Grad-Zylinderwinkels wegen die seit 1986 bei Renault ausprobierte Kurbelwelle mit versetzten Pleuel-Zapfen, die einen gleichmäßigen Zündabstand ermöglichte. Hier im großen V6-Citroën war das Gemein-

schafts-Aggregat, das bei Renault und Peugeot (genau wie bei Volvo) längs montiert wurde, erstmals quer verbaut. In Verbindung mit der letztmals im XM V6 angebotenen „Zauber-Lenkung“ Diravi, die sich wie bei SM und CX selbsttätig auf geradeaus zurückstellte und der Geschwindigkeit anpasste, war der XM mit der neuen Hydractive-Federung tatsächlich Ober-Klasse. Allerdings verbrauchte er auch dementsprechend. Der 1990 erscheinende V6-24 mit Vierventil-Technik (200 PS statt 167 PS) setzte das Leistungstüpfelchen.
Doch 1990 brachen sowohl für den XM als auch für Citroën überhaupt schwere Jahre an, die den Fortbestand der Marke bedrohten. Hatte es mit der ersten Ölkrise von 1973 (750.762 produzierte Citroën) einen Einbruch auf 688.806 Citroën im Jahr 1974 gegeben, war das alte Niveau bereits 1976 mit 741.363 Fahrzeugen bereits wieder erreicht, 1977 dann deutlich überschritten. Mit der zweiten Ölkrise kam wie in der gesamten Autobranche für Citroën ein deutlich heftigerer Einbruch, die Zahl der abgesetzten Fahrzeuge sank von 815.173 im Jahr 1979 auf 651.374 im Jahr 1980. 1984 waren es gar nur noch 551.691 Wagen, nur etwas mehr als 1966 und 1970. Doch bis 1989, vor allem dank des erfolgreichen AX und des bewährten BX kletterte Citroën auf bis dato unerreichte 905.118 Fahrzeuge. 1990 bis 1993 ging es prompt wieder stetig bergab, so dass mangelnde XM-Verkäufe nur als Stimmungsbarometer anzusehen waren. Erst 1997 wurde das 1989er Niveau mit 890.644 Einheiten annähernd wieder erreicht. Als es für Citroën ab 1998 wieder aufwärts ging, galt der Oberklasse-Wagen XM bei den Käufern mittlerweile als veraltet. Dabei besaß er seit Sommer 1997 den gänzlich neu konstruierten, sparsameren und leistungsstärkeren V6-Motor mit 60-Grad-Zylinderbänken.

Überlegene Mittelklasse

Doch die Tatsache, dass dieser Motor aus dem Xantia übernommen wurde, der als einziger Citroën auch das sämtlicher Konkurrenz überlegene Activa-Fahrwerk spendiert bekam, nicht der XM, sprach Bände. In kontinuierlicher Folge vom Ami 6 an (1961) hatte sich Citroëns Mittelklasse über Ami 8, GS, BX hin zum Xantia derart „hochgearbeitet“, dass das Leistungs-Renommee nun eher für die obere Mittelklasse wichtig war.
Die absoluten Produktionszahlen der ehemaligen „großen Klasse“, 1.45 Millionen D-Modelle in 20 Jahren Bauzeit, erreichte der CX mit 1,04 Millionen Einheiten in 15 Jahren nicht. Der XM kam in 11 Baujahren nur auf 333.405 Stück, die Xantia-Verkäufe dagegen machten in 9 Jahre (1993–2002) alleine knapp 1,25 Millionen Stück aus.
Folgerichtig kam Citroën nach dem Jahr 2000 auch zunächst völlig ohne eigene Definition von Oberklasse aus. Der Nachfolger des Xantia, der C 5, trägt seit 2001 die schwere Bürde, sowohl die Mittelklasse als auch die eingestellte Oberklasse bei Citroën zu repräsentieren, gleichzeitig aber schon bei seinem ersten Auftritt das Design einer bereits als beendet geltenden Ära zu tragen.

Zurück zum Anfang: C 6

Viele Blicke richten sich auf den für 2005 annoncierten Citroën der Oberklasse, den neuen C 6. Er wird nicht nur namentlich an den Sechszylinder von 1928 anknüpfen. Auch sein V6-Diesel mit Twin-Turbo, den man schon heute im Jaguar S-Type ausprobieren kann, wird wieder für motorische Beachtung sorgen. Diesmal auch ohne allzu große Verbrauchs-Exzesse und mit dem für PSA zum schlagenden Argument gewordenen Rußpartikelfilter. Sollte er auch noch äußerlich genau so viel Beachtung erhalten wie die seit 1999 gezeigten Studien C 6 Lignage und C-Airdream, dann könnte es nach langem Anlauf klappen, dass auch ein Citroën wieder zu den prestigeträchtigen „großen Wagen" gerechnet wird, wie das die Befragten der „Citroën-Studie 1964" ganz selbstverständlich taten.

Lenkradtausch anno 1973: 15 CV – D Super 5

von Halwart Schrader

In der *Automobil Chronik*, der ersten deutschen Oldtimerzeitschrift, beschrieb Halwart Schrader 1974 nur den (eigenen) Traction. Der daneben abgebildete D Super 5 war seinerzeit bloß Neuwagen (AMC 2/1974)

Ein Vergleichstest eines aktuellen Wagens mit dem persönlichen Citroën? Klar, 1973 hatte ich das schon einmal absolviert, damals, als die D-Modelle, oder wie man heute sagt: die Göttinen, noch ganz normale Neuwagen waren. Nun gut, nicht „ganz normal", sie waren halt vielmehr waschechte Citroën: Technisch höchst innovativ, dabei ohne Spielereien, ganz im, Sinne des sicheren Fahrens konstruiert, geformt in aufregendem, manchmal ungewöhnlichem Stil, überhaupt ohne Furcht vor ungewöhnlichen Lösungen aller Art.

Seit gut sechs Jahren war ich damals Besitzer eines Citroën 15-Six, Baujahr 1950. Eine breite, lange, schwere und selbstverständlich rabenschwarze Limousine, die ich nach einer nicht allzu aufwändigen Überholung – sie betraf eigentlich nur die Elektrik samt Umrüstung auf eine Wechselstrom-Lichtmaschine und die Aufarbeitung der Innenausstattung – tagtäglich im Münchner Stadt-Land-Verkehr bewegte. Ich fuhr den großen Citroën aus emotionaler Überzeugung, weniger aus rationalen Gründen, denn der Dreiliter-Sechszylinder tat's natürlich nicht unter 15 Litern auf 100 Bayernkilometern.

Einen Fünfzehner zu besitzen, war mein Traum gewesen, seit ich des ersten Traction Avant überhaupt ansichtig geworden war. Das passierte irgendwann, irgendwo im Frankreich der mittsechziger Jahre, als diese Autos, welche bei uns gern als Gangsterwagen oder Jean-Gabin-Auto

bezeichnet wurden, das dortige Straßenbild noch stark prägten.
Als ich eines Sommermittags in der Münchner Innenstadt nach dem Einkäufen zum Parkplatz zurück kehrte, endeckte ich zwei menschliche Beine, die unter der Fahrzeugfront meines Wagens hervorlugten, und erschrak. Die Beine gehörten Richard Degen, dessen massiger Restkörper sich erst nach meinem besorgten Zuruf „Hallo?!" ans Tageslicht schob. „Salü! Sie, da hams aber ein feines Exemplar derwischt," freute er sich. Er besitze ein D-Modell und diverse Enten, und immer, wenn er einen alten Citroën sehe, müsse er sich ihn erst einmal von unten betrachten. „Einen Fuchzehner, den siagt man bei uns fei selten!" Aus dieser seltsamen Begegnung mit Richard Degen entstand später übrigens eine feste Freundschaft.

Nicht nur Männersache

Zu jeder Tages- und vor allem auch Jahreszeit war mir mein Fünfzehner ein treuer Gefährte und mehr als nur ein Transportmittel. Und nicht einmal allein mir. Meine liebwerte Frau Gemahlin, damals 27, erstes Auto: ein Uralt-2 CV in Gelb, benutzte die Limousine, als ich, erneut meiner ständigen autopolygamen Veranlagung folgend, einen anderen Wagen haben „musste", über die Dauer von mehr als einem Jahr zu ihrer täglichen Fahrt ins Büro. Ihr Arbeitgeber war der nicht ganz unbekannte Unternehmensberater Roland Berger. Bei ihm auf dem Hof einen 1950er Citroën zu parken, forderte wegen des Rangierens dieses Fast-Fünfmeter-Autos den Kollegen mit ihren BMW 520, Mercedes 300 SE, Porsche 911 Carrera usw. stets ein gewissen Maß an Hochachtung ab. Und das bei so geringem Lenkeinschlag und ohne Servo-Hilfe!
Die Eigenschaften unseres geliebten und verehrten Fünfzehner mit denen eines aktuellen Citroën zu vergleichen, reizte mich 1973 nicht allein aus grundsätzlichen Erwägungen, sondern auch, weil ich als Zugehöriger der schreibenden Zunft ein professionelles Interesse daran besaß. Und

Auch Richard Degen, der unter anderer Leute Traction schaute, kaufte sich im Frühjahr 1974 einen 15 CV

nicht zuletzt, weil Gerhard van Ackeren es geschafft hatte, meinem Freund David Scott-Moncrieff (genannt Bunty) seinen ID 19 Break zu verkaufen, und Bunty keine Gelegenheit ausließ, diesen Wagen als „one of the most wonderful long-distance continental travel machines I ever posessed“ zu bezeichnen. Eine solch „wundervolle Langstrecken-Reise-maschine“ musste ich doch einmal etwas näher kennen lernen!

Servolenkung und Jod-Scheinwerfer

Den Testwagen, den ich im August 1973 aus Köln erhielt (war damals noch H. P. Clauss Pressechef in der Nikolausstraße, der später zu Opel ging?), war ein D Super 5. Das Auto verfügte über 27 PS mehr als mein Fünfzehner (104 statt 77 PS), doch am besten gefiel mir sofort eine andere, angenehme technische Neuerung gegenüber meinem Oldie: Der neue Citroën besaß eine Servolenkung! Und was mich ebenso beeindruckte: Er war serienmäßig mit beheizter Heckscheibe, Schwenk-Zusatzscheinwerfern und automatischer Höhenkorrektur der Scheinwerfer ausgestattet. Außerdem besaß er alle Lichter in Halogen-Ausführung, was man damals bei Citroën „Jod-Scheinwerfer“ nannte.

145 km/h Dauertempo mit dem 15 Six stellten für mich nichts Besonderes dar. Aber flotte 175 km/h mit dem D Super 5

Obwohl der Tracion massiger auftritt, besitzt der D Super 5 den deutlich größeren Kofferraum

Zwei große Citroën, die das Markenimage bis heute prägen, waren zu ihrer Zeit jeweils ganz modern

zu fahren, das war doch schon beeindruckend. Maßgeblichen Anteil am Fahrgenuss hatte natürlich das im ID genau wie im DS beindruckende Hydraulik-Fahrwerk mit automatischem Niveauausgleich. Denn der D Super 5 war ja nichts anderes als eine Fortsetzung des DS 21, welcher im Gewande der ID-Baureihe auftauchte, nachdem der 21er im Sommer 1972 zum DS 23 mutiert war. Das bedeutete, anders als der DS war der D Super 5 (Code DS 21 M) stets mit dem manuell gschalteteten 5-Gang-Getriebe zu haben, die hydraulisch geschaltete Viergangbox mit automatischer Kupplung blieb genau wie die Borg-Warner-Vollautomatik Privileg der teureren DS-Baureihe. Und der D Super 5 zeigte im Fußraum wie alle Wagen der ID-Reihe ein konventionelles Bremspedal, besaß nicht den legendären Pilzknopf der Bremse des DS. Doch über mangelhafte Bremswirkung der, im Übrigen auch mit den stärkeren DS 23 Injection identischen, Scheibenbremsen (vorn) konnte ich im Vergleich zu meinem rundum trommelgebremsten Traction wirklich nicht klagen.

Die Velourspolsterung dieses D-Modells schien mir indes von keiner besseren Qualität als in meinem Fünfzehner zu sein. Anders ausgedrückt: Die Sitze waren in einem Citroën anno 1950 schon so komfortabel, dass sie selbst dreiundzwanzig Jahre später nicht zu „toppen“ waren. Hatte man sich an die verhältnismäßig üppige Sitztiefe einmal gewöhnt (eben Citroën-typisch und bei keinem anderen Wagen auch nur annähernd gleich), konnte eine 1200-Kilometer-Tagesetappe, wie ich sie anlässlich einer Testfahrt von Oostende nach München absolvierte, fast zum Vergnügen ausarten.

Rolls-Royce contra D-Modell

Oostende: Ich benutzte den Testwagen zu einem Ausflug nach England und besuchte dort auch Freund Bunty. Jenen beeindruckte es nicht im Geringsten, dass ich diesmal mit einem D-Modell aufkreuzte, besaß er doch selbst eins. „Well, the most reasonable car in the world," und er zuckte dabei nur mit den Schultern. Ein interessanter Ausspruch eines Mannes, der sich in seinem Metier auskannte. Bunty war nicht nur ein angesehener Autoexperte, sondern galt seinerzeit als der bedeutendste Rolls-Royce-Gebrauchtwagenhändler der Welt. Enttäuscht war er nur, dass ich mit einem geliehenen Testwagen gekommen war. Ihm hätte es sichtlich besser gefallen, wenn der Citroën mir selbst gehört hätte. Dass ich daheim einen 1950er Citroën besaß, amüsierte ihn bloß: „Du solltest dir lieber einen Silver Dawn zulegen. Stünde dir sehr gut, old boy. Ich hätte da ein sehr günstiges Exemplar für dich, Ex-Lord-Sainsbury!" Nein, wir kamen nicht ins Geschäft.

Fazit

Die Straßenlage des D Super 5 zeigte sich im Test der des 15 CV weitaus überlegen, vor allem in Kurven, natürlich auch das Bremsen und die Spursicherheit, gerade bei hohen Geschwindigkeiten, sowie die Federungs-Eigenschaften. Die etwas höhere Sitzposition in meinem Oldie hingegen schien mir anno 1973 sympathischer. An die so genannte „Krückstockschaltung" meines Fünfzehners hatte ich mich derart gewöhnt, dass mir die damals eher übliche Lenkradschaltung des D Super 5 ziemlich normal vorkam. Mitunter hatte ich im Traction oberhalb von 100 km/h den Wunsch nach vier statt nur drei Gängen verspürt, hier im D-Modell wurde mir mit dem fünften Gang genug Auswahl und Ruhe geboten. Pluspunkte musste ich neben der leichtgängigen Schaltung der exzellenten Heizung im ID zugestehen, welche im Traction nur durch ein Zusatzgerät den Namen verdiente, und dem im Vergleich deutlich größeren Kofferraum.

Was den alten Sechszylindermotor auszeichnete, war sein starkes Anzugsver-

mögen schon aus niedrigsten Drehzahlen. Der Wagen schob ab wie ein getunter Traktor, häufig zum Erstaunen leichtgewichtiger Ampelsprinter zur Linken. Doch die relativ lange Schaltpause zum Zweiten machte meist den ganzen Schwung wieder zunichte. Dafür durfte man dann zwischen 30 und 80 km/h im zweiten Gang schaltfaul sein, die Elastizität der Maschine machte einem im Stadtverkehr das Mithalten in jedem Tempo besonders leicht. Der D Super 5 indessen wollte fleißiger geschaltet sein. Sein 2,2 Liter großer Vierzylinder fühlte sich erst ab 2500 Touren richtig wohl. Doch dafür lag sein Verbrauch auch um rund vier Liter niedriger.

Nach 14 Tagen lieferte ich „the most reasonable car in the world" wieder in Köln ab, ohne Wehmut. So groß das Fahrvergnügen am Lenkrad des D Super 5 gewesen war, so sehr liebte ich seinerzeit meine eigene, wenn auch schon etwas betagte Langstrecken-Reisemaschine, von der Richard Degen so spontan gesagt hatte: „Wenn ich des Geld hätt, tät ich mir die sofort kaffa ..." Dabei hatte er das Geld, der charmante Tiefstapler und D-Modell-Enthusiast. Wenige Monate später besaß er dann ebenfalls einen Fünfzehner. Das war sogar ein 6 H von 1954 mit der hydropneumatischen Federung an der Hinterachse. Gemäß Richards Motto: Wenn schon, denn schon!

Seit 1970 waren die Modelle der ID und der DS-Baureihe äußerlich kaum mehr zu unterscheiden

Lenkradtausch AK 400 – Berlingo 1.1

von Frank Plate

Kein historisches Bild von den 2 CV-Raids, vielmehr Frank Plates Traum von einem Reise-Citroën 1990

22 Jahre nach meiner ersten, sieben Jahren nach meiner letzten Kastenente steht ein Fahrzeug vor mir, das ein designierter Nachfolger sein könnte, ein Berlingo 1,1 Liter. Aus einiger Entfernung und mit zusammen gekniffenen Augen ähnelt er vom Erscheinungsbild her tatsächlich dem entfernten Vorgänger. Ein paar Tage lang konnte ich ihn Probe fahren, um herauszufinden, ob er tatsächlich berechtigt ist, mit der seit 1978 nicht mehr gebauten Kastenente verglichen zu werden.

Weshalb hatte ich mich damals entschlossen, mir eine Kastenente, Typbezeichnung AK, zuzulegen, gebraucht natürlich? Neben den zu Ausbildungszeiten typischen Gründen wie günstiger Anschaffungspreis, niedriger Verbrauch und geringe Unterhaltskosten, war das wesentliche Kriterium gewesen, dass es auf jeden Fall ein zweisitziger Kombi sein sollte, mit der Möglichkeit, darin auch zu übernachten. Leider ist diese Modellvariante von der automobilen Evolution sehr ver-

nachlässigt worden und selbst in Jahren steil ansteigender Zahlen von Single-Haushalten müssen Fahrzeuge anscheinend stets irgendwie kinder- und familientauglich sein. Ein Blick in den tagtäglichen Verkehr lässt mich an dieser Modellpolitik häufig noch heute zweifeln. So blieb nur der Weg in den Nutzfahrzeugbereich, zu den so genannten Handwerkerautos. Auch dort war die Auswahl nicht gerade überwältigend, aber mit dem ersten Blick auf eine Kastenente war mir klar, dass ich gefunden hatte, wonach ich suchte.
War schon die 2CV-Limousine mit ihrem Anspruch, zwei Bauern und einen Sack Kartoffeln, wahlweise auch mit Hut und einen Korb Eier, sicher und komfortabel zu transportieren, eindeutig auf den praktischen Nutzwert ausgelegt, so stellte die Kastenente, zuerst als Typ AZ später als AK, die konsequent weiter geführte Umsetzung dieser Vorgaben dar. Der 2 CV-Aufbau wurde einfach hinter der B-Säule durch einen Kastenaufbau ersetzt, der einem Planwagen ähnelte. Der Stabilität wegen bestand dieser Kasten aus längs gesicktem Blech.
Schon der 2 CV besaß an Ausstattung nur das, was zum Fahren unbedingt nötig war. Alles Weitere war der Fantasie und den Fähigkeiten des jeweiligen Besitzers überlassen. So stellte die Kastenente die ideale Grundlage zur Verwirklichung meiner Ideen dar, ein in seiner Grundkonzeption solides Auto, einfach, schlicht und praktisch. Mit ein paar Brettern und Schaumgummi ließ sich ein bequemes Bett für zwei Personen einbauen. Unterhalb dieser Liegefläche war immer noch Platz genug für all die Dinge, die man für längere Reisen benötigt. Mit etwas Geschick und ein paar Einschränkungen, konnte man bei schlechtem Wetter hinten im Kasten sogar Kochen und Essen.
Mit fünfundzwanzig Pferdestärken nicht gerade üppig motorisiert, reichte es, um überall dort hinzukommen, wohin ich wollte und das war oft ein Stückchen weiter, als die anderen kamen. Einmal al-

Als stilvoller Anhänger überlebte das Hinterteil von Frank Plates erstem AK bei einem Freund

lerdings habe ich es ein wenig übertrieben, denn mein Übermut ließ mich bei Ebbe weit in die Bucht des Mont Saint-Michel hinaus fahren. Im immer weicher werdenden Sand festgefahren passierte das, was passieren musste. Bildeten sich zuerst nur kleine Pfützen um die tief eingegrabenen Räder, so zeigte ein immer stärker werdendes Rauschen im Hintergrund den Beginn der Katastrophe an. Schneller als ich es je für möglich gehalten hatte kam das Wasser zurück und es blieb gerade noch Zeit, alles Wichtige aus dem AK zu retten. Der Wagen versank bis weit über das Dach hinaus gänzlich in den Fluten des Ozeans.

Sechs Stunden später, im sich zurück ziehenden Wasser, tauchte die Kastenente wieder auf und mit Hilfe des örtlichen Citroën-Garagisten sowie zweier Traktoren konnten wir den völlig eingespülten Wagen dem Meer wieder entreißen. Ein eingelegter Gang allerdings bewirkte, dass sich bei dieser Aktion die Kurbelwelle verbog.

Die Folge war eine Woche harte Arbeit unter Aufsicht des Garagisten, in der ich unglaublich viel über das Innenleben

Ein für die Lebenserinnerung Frank Plates unvergesslicher Anblick seines AK. Wenig später kam die Flut

Personalisierte Citroën AK sind sehr gut „heiratsfähig“, der Berlingo wurde daraufhin aber nicht getestet

meines AK lernte. Nach sieben Tagen konnten wir die Heimreise auf den eigenen vier Rädern wieder antreten. Ich will nicht verschweigen, dass im Laufe des nächsten Jahres so ziemlich jedes elektrische Aggregat, meistens in eine weiße Rauchwolke gehüllt, seinen Geist aufgab. Den eigentümlichen Fischgeruch, welcher seitdem der Innenausstattung anhaftete, habe ich nie herausbekommen. Schließlich schenkte ich die unglaublich schnell dahinrostende Kastenente einem Freund, ebenfalls AK-Besitzer, der daraus einen Anhänger baute und mit diesem bis Griechenland fuhr.

Die unfreiwilligen Lehrstunden in jener französischen Garage hatten mir eine Ahnung gegeben, was alles möglich war, und so beschloss ich, mir eine „neue“, gebrauchte Kastenente zuzulegen, um mit ihr die Idee des Blech gewordenen Planwagens weiterzuführen. Aus dem Kastenwagen entstand ein Modell mit Plane und Spriegel, jedes Fahrzeugteil

wurde von mir für den Einsatz auf Reisen in ferne Länder optimiert.
Ein halbes Jahr später zerstörte jedoch ein lauter Schlag all meine Träume. Auf die geparkte Kastenente war mit hoher Geschwindigkeit frontal ein Fahrzeug aufgefahren und hatte binnen einer Sekunde meine langwierige und mühsame Arbeit in einen Haufen Schrott verwandelt. Der Vorderwagen war komplett zerstört und nur der hintere Teil war wie durch ein Wunder unversehrt geblieben. Die Rekonstruktion des Unfalls ergab, dass die Kastenente durch den Aufprall nach hinten geschoben worden war, auf einen dort parkenden Citroën BX (sic!). Spuren an der Dachkante oberhalb der Windschutzscheibe zeigten, dass der AK über die Motorhaube und Frontscheibe bis auf das Dach gesprungen und von dort wieder nach vorne auf die Straße heruntergerollt war.
Da die hintere Hälfte des Unfall-Wagens fast unbeschädigt war, folgte ich dem Konstruktionsprinzip seiner Erbauer. Ich trennte den zerstörten Vorderwagen an der B-Säule ab und ersetzte ihn durch den eines anderen 2CV. Viele Probleme und ein paar Monate später war derselbe AK zu unserer Hochzeit wieder fahrbereit und wir fuhren anschließend mit ihm bis tief in die Ukraine hinein.
Neben all den praktischen Möglichkeiten habe ich übrigens eine weitere, wesent-

Ende 2002 wurde die Front des 1996 vorgestellten Berlingo markanter gestaltet, die Qualitäten blieben

Zwei Flügeltüren sind Erkennungszeichen der NFZ-Variante. Manch PKW-Berlingo-Besitzer wünschte sie

lichere Fähigkeit der Kastenente schätzen gelernt: Mit diesem Citroën lernt man Autofahren. Das mag ein wenig platt und überheblich klingen, doch als Schwächster unter allen motorisierten Verkehrsteilnehmern hieß es, so gut wie immer am Limit zu fahren. Das bedeutete, jeden Meter Straße vor sich ganz genau anzuschauen. Wo sind Bodenwellen, wo ein Schlagloch, wechselt in der Kurve der Asphalt oder ist es sogar nass? Bloß keinen Schwung verlieren, den Bremspunkt so spät wie möglich und nicht von der Ideallinie abkommen! Ein geniales und mehr als gutmütiges Fahrwerk vermittelte dabei immer besten Bodenkontakt und Geschichten von umgekippten 2 CV gehören wirklich ins Reich der Märchen. Mit einer äußerst bescheidenen Beschleunigung, Trommelbremsen und bar jeglicher, wie auch immer gearteter Hilfen ausgestattet, lernt man ziemlich schnell, sich ständig an den Grenzen des Möglichen zu bewegen, ohne sie zu überschreiten. Denn die anderen konnten nicht nur schneller fahren, sie konnten auch schneller bremsen!

Nun also der Berlingo. Macht schon seine neue, äußere Erscheinung einen stämmigen und durchaus soliden Eindruck, so bestätigt sich dieses Bild auch im Innenraum. Alles wirkt aufgeräumt und praktisch, die Abwesenheit jeglicher technischen Spielereien fällt positiv auf. Der Laderaum kommt ohne Verkleidung aus und ist somit für jeden erdenklichen Ausbau geeignet, so wie ich es von der Kastenente her kenne. Ein Beladungstest mit 24 Pkw-Reifen, davon sechzehn Stück auf 15-Zoll-Stahlfelgen, zeugten von einer

Im industriellen Umfeld ist die Nutzfahrzeug-Variante des Berlingo wohl am besten aufgehoben

beeindruckenden Kapazität des Laderaumes. Seine Länge würde die Konstruktion eines Schlafplatzes zulassen, wenn vielleicht auch nicht mit so einfachen Mitteln wie bei seinem Urahn.
Sehr ordentliche, straff gepolsterte Sitze und ein Minimum an Schaltern reichen der Nfz-Version des Berlingo zur Bedienung sämtlicher Fahrzeugelemente aus. Die verdeckte Sicht auf die Multifunktionsschalter hinter dem kleinen, aber breiten und griffigen Lenkrad ließ allerdings Kritik aufkommen. Zur genauen Bestimmung der einzelnen Funktionen wäre das Erkennen der Symbole notwendig. Die mittig nach oben aus dem Armaturenbrett herausragende Uhr wirkte auf mich unschön, sie zerstört den ansonsten geschlossenen Gesamteindruck. Zudem verstellen mögliche Inhalte der Ablageschale davor den Blick auf die Uhr.
Die Fahreigenschaften weisen den Berlingo als solides, im Handling anspruchloses Fahrzeug aus; klaglos erledigt das Fahrwerk alle an ihn gestellten Aufgaben und nimmt auch einen kleinen Ausritt über unbefestigten Untergrund nicht übel. Den Federungskomfort allerdings mit dem einer Kastenente vergleichen zu wollen, wäre nicht gerecht, da dieser selbst von einem Großteil der heutigen Personenwagen nicht erreicht wird.
Insgesamt gesehen gab es nach 600 gefahrenen Kilometern wenig Spektakuläres zu berichten, Positives wie Negatives eingeschlossen. Alles in allem stellt der

Berlingo sich als ausgewogenes und neutrales Fahrzeug dar, das alle Ansprüche erfüllt, die an ihn gestellt werden. Einzig die viel zu enge Pedalerie, bei der sich der rechte Fuß unter dem Bremspedal einklemmen kann, verdient deutliche Kritik, da dies sicherheitsrelevant ist und nicht hingenommen werden kann.

Drehen wir das Rad der Zeit noch einmal zurück. Hätte es den Berlingo damals gegeben, hätte ich ihn dann gekauft? Die Antwort fällt positiv aus, denn er bietet von der Konzeption her Ähnliches wie die Kastenente. Ökonomie wird zu verschiedenen Zeiten unterschiedlich definiert und fast ein halbes Jahrhundert nach der „Erfindung“ der Kastenente gelten, auch bedingt durch die technischen Entwicklungen, andere wirtschaftliche Faktoren. Dass ich mit dem Berlingo allerdings die vielen und weiten Reisen durch ausgetrocknete Wadis, über tief verschneite Bergpässe oder quer über abgemähte Felder unternommen hätte, bezweifele ich.

Ob auch er irgendwann einmal im Vorbeifahren die Kinder zum Winken und die Erwachsenen zum Lachen bringen wird?

Beim ersten Reifentest Oldtimer-Profile gegen aktuelle Reifen des DS-Club kam der Berlingo wie gerufen

Lenkradtausch CX Break TD 2 – C 5 Kombi 2.2 HDi

von Ulrich Knaack

Das Referenz-Fahrzeug des Testers, ein CX Break TRD Turbodiesel 2 vom Januar 1988

Ich gebe es besser gleich vorweg zu: „Mein Ding“ sind neue Autos nicht. Allzu lange schon fahre und repariere ich eigenhändig alte Citroën, als dass mich irgendein elektronisch vollversorgtes Vehikel besonders beeindrucken könnte. Hauptkrititerien für, natürlich auch gegen ein Auto sind mir nach wie vor: Der Motor, das Getriebe und als Citroënnist insbesondere das Fahrwerk, die Federung und die Lenkung. Meine Liebe zur Mechanik empfinde ich längst als aufpreispflichtigen Extrawunsch, doch anders als die Objekte im *Manufaktum*-Katalog oder teure Fahrräder und Uhren, bei welchen man für horrendes Geld die alte Technik als Luxus kaufen kann, werden Autos leider stets „von der Stange“ angeboten. Ich gestehe, solche handgebauten Sportwagen wie der britische Morgan wären von ihrer Machart her einerseits genau richtig für mich, doch andererseits kann und will ich partout mit Cabrios, Coupés, ja selbst viertürigen Limousinen meist wenig anfangen.

Mein Fall sind Kombis, vornehmlich die von Citroën, am liebsten die mit Hydraulik. Groß, größer am größten muss ein Auto für mich persönlich sein, man muss bequem drin schlafen können, auch wochenlang, und dennoch soll es möglichst limousinenartig fahren. Analog zu meinen auf Maß gefertigten Oberhemden (industrielle haben zu kurze Ärmel) und meinen Anzügen vom Schneider (fertige sind mir immer zu weit oder zu kurz)

wären wohl von einem Carossier hergestellte Umbauten genau mein automobiler Fall. Doch im Gegensatz zu den handwerklich angefertigten Textilien, welche schon lange nicht mehr teurer sind als die Industrieware bei den Geschäften, die sie nur auf Grund Ihres Markennamens zu hohem Preis verkaufen, kann ich mir derartige Umbauten als Autor und Kleinverleger nicht leisten.
Zum ersten CX Break war ich 1997 genau wie 1980 zum ersten ID 20 Break gekommen: Meine Frau brauchte von heute auf übermorgen ein, wie sie sagte, „standesgemäßes" Auto. Ich überlegt nur sehr kurz, denn Dreierlei war mir sofort klar: Ein Citroën musste es erstens sein. Welcher Wagen bewegt mich sonst schon derart sicher und entspannt, gut gefedert bei hohem Tempo und bei Wind und Wetter durch die Welt? Deutsche Produkte mit Blitzen oder Sternen jedenfalls genauso wenig wie die populären mit zwei Buchstaben. Ein schwedischer Traktor-Panzer eignete sich schon eher, doch war der mir persönlich zu rau und ihm fehlte der Frontantrieb – das alles hatte ich bei knapp einer halben Millionen „Test-Kilometern" auf hannoverschen Taxis in elf Jahren leidvoll „erfahren". Zum Zweiten sollte es nun ein Diesel sein, denn ein zweites Auto im Haus sollte schon ökonomischer als der DS im Stadtverkehr und bei kurzen Trips zu bewegen sein. Der dritte Punkt verstand sich von selbst: Ein Kombi musste es sein. Und zwar ein richtiger, das heißt bei mir ein großer. Die gemeinsame Frankreich-Tour mit einem Freund im XM Break hatte dazu geführt, dass dieser Wagen mir zu kurz geraten erschien. Also blieb der CX Break, interessant für mich sowieso durch den verlängerten Radstand im Vergleich zur CX Limousine, die mir zu kurz vorkam.

Die für den Eigner wichtigen Maße: Mehr als 2 m Lade- bzw. Liegefläche, mehr als 3 m Radstand

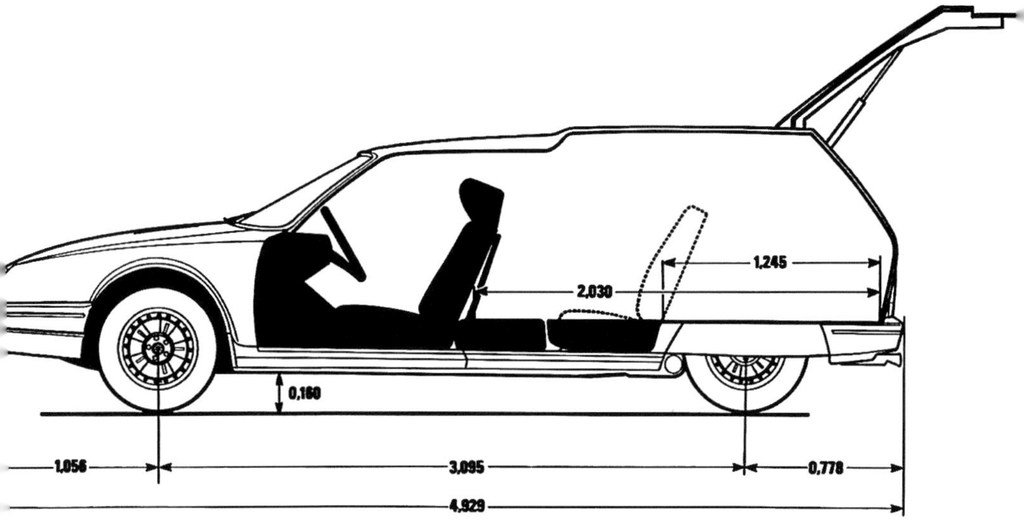

Mein erster CX Break, ein Saugdiesel des ersten Serie-2-Jahrgangs 1986, bewährte sich mehrere Jahre, obwohl seine Substanz nach sieben Vorbesitzern nicht die beste gewesen war. Doch er besaß immerhin die Fähigkeit, binnen nur vier Reisetagen einen bis dato überzeugten Auto-Hasser, da Motorradfahrer und Nichtkenner, zum überzeugten Citroënnisten zu machen, wohlgemerkt samt seiner zunächst ablehnenden Familie und der noch viel skeptischeren niedersächsischen Dorf-Nachbarschaft. Heute fährt diese Familie, wie ich unlängst hörte, „sowieso nur Citroën", zu ehedem meinem Break gesellte sich als Liebhaberei neben dem neuen Berlingo sogar noch ein CX Prestige. Man kennt das!
Abgegeben hatte ich den Saugdiesel-CX im Frühjahr 2000 nur, da mir in einer Dorfzeitung des Landkreises Uelzen das Inserat eines äußerst preisgünstigen Turbodiesel 2-Breaks aufgefallen war. Das war es doch! Von diesem seinerzeit schnellsten Diesel der Welt hatte ich be-

Oben: Die charaktervolle, markentypische Front des C5 vor dem Weltkulturerbe Völklinger Hütte
Unten: Auf den Schrotthaufen der Vierzylinderblöcke muss der 2.2 HDi-Motor des C5 sicher nicht

reits 1987 geträumt, und die hernach oft gehörten, grauenvollen Stories über mangelnde Halbarkeit des Motors machte mein Zutrauen in die eigene Mechaniker-Ausbildung mehr als wett. Natürlich steckte auch in jenem Billig-Angebot der sprichwörtlich Wurm, das hatte ich ja geahnt, doch nach der drei Monate später erfolgten Motorrevision in der heimischen Werkstatt, zeigte sich das Triebwerk wie das ganze Auto als „Sahnestück“. Bis dato war mir unvorstellbar, wodurch ich diesen Wagen je ersetzen sollte. Der XM Break war immer noch zu klein (wie gesagt, verlängert vom Carossier und erhöht wie die Krankenwagen denkbar) und nach dessen Einstellung kam ja nur ein Citroën in Frage, der C5 Kombi. Genau den testete ich im Sommer 2004 eine Woche lang, freundlicherweise von der Citroën Commerce in Hannover unterstützt.

Der C5 Break heißt in Deutschland Kombi. Warum Citroën meinte, den schönen französischen Gattungsbegriff (nichts anderes als „Kombi“ heißt nämlich Break),

Oben: Das Heck des C5 Kombi mit breiter Klape und einheitlicher Linie. Das Fenster öffnet separat
Unten: Deutlich geschlossener als die Limousine präsentiert sich die Seitenansicht des C5 Kombi

den alle Welt mittlerweile kennt, auf dem deutschen Markt ersetzen zu müssen, kann ich nicht nachvollziehen. Doch zum Genfer Salon 2001, als der C 5 Kombi der Öffentlichkeit präsentiert wurde, hatte ich im Stillen aufgeatmet. Denn im Vergleich zur Limousine, die ich persönlich in der Form als banal empfand, insbesondere deren Hinterteil und Seitenlinie, gefiel mir die Kombiversion des C 5 durchaus. „Endlich wieder“ hatte ich gedacht, und anschließend: „Ob der wohl groß genug für dich wäre?“ Natürlich nicht, das ergibt bereits die Prospekt-Auskunft, denn mit 4,75 Metern Länge kann ich 5-Meter-Liebhaber eben nur genau 25 cm „Liegelänge“ vermissen. Doch das war mir vorher klar, und für reine Transport- oder Camping-Zwecke bietet Citroën mir heutzutage wieder zum Glück mit C15 (nach wie vor gebaut, allerdings nur im Ausland verkauft), Berlingo und vor allem dem Jumpy gleich mehrere Nutzfahrzeuge an, die meinen Vorstellungen von einem „100% nützlichen“ Auto entgegen kommen.

Ich wollte gerecht sein, also wurden sämtliche persönlichen Vorgaben abgelegt. Im C 5 eingestiegen, erwartete mich ein zwar unscheinbar anmutender, aber auf Dauer ungeheuer bequemer Sitz. So kenne und liebe ich meine Marke, nicht diese Folterbänke der Schwaben, welche jedem Orthopäden bekannt sind! Die Betriebsanleitung las ich mir bewusst nicht durch, denn zunächst einmal möchte ich mich unabhängig in jedem Auto orientieren. Ich fand fast alle Funktionen – ein gutes Zeichen, auch wenn mir der elektronisch digitale Blink- und Piepskram heutiger Zeit entschieden zu stark im C 5 vertreten ist. Prompt hatte sich übrigens der rechte Außenspiegel (sie klappen beim Parken ein) schon auf dem Hof der Niederlassung nicht in Fahrposition gestellt – „Elektronik!“ dachte ich nur.

Als nächstes kam gleich der „Härtetest“ für den C 5 . Ich holte nämlich meine Frau vom Bahnhof ab – und selbige ist wirklich eine erklärte Elektronik-Hasserin. Alles Moderne ist ihr derart zuwider, dass sie stets viel, sehr viel Geld in die Restaurierung alter Technik zu stecken bereit war. Dass sie eine Nomos-Uhr mit mechanischem Werk am Handgelenk trägt und maßgeschneiderte Kleidung ausschließ-

Direkter Vergleich mit dem Vorgänger XM Break

lich aus Naturmaterialien bevorzugt, wird wohl nicht verwundern. Genau ihr drückte ich nun einfach den C5-Schlüssel in die Hand und sagte: „Fahr mal!"
Erwartungsgemäß klagte die DS-, SM- und CX-Kennerin, die 12 Jahre lang keinen Neuwagen mehr in der Hand gehabt hatte, nach drei Sekunden bereits über „verdammt viel Elektronik", doch mit dem Fahren kam sie prima klar. Und beim Einfädeln in den Stadtverkehr kam dann ein Ausspruch, den ich als dickes Kompliment für den C5 empfand: „Ich verlasse mich jetzt einfach darauf, dass das ein Citroën ist, ja!" Ich hatte verstanden. Das sollte heißen: „Um das Fahrwerk kümmere ich mich wie von den Hydraulik-Autos gewohnt nicht, ziehe vielmehr auch bei Regen (wann regnete es in diesem Sommer nicht?) und auf Kopfsteinpflaster meine zügige Bahn und erwarte dass das Auto einfach immer gut liegt."

Mit derselben Maxime machte ich mich tags darauf auf nach Saarbrücken zum Langstreckentest des C5. Ein Besuch bei Peugeot, deren 406 Break (dort hießen Kombis nämlich noch so) ich unlängst getestet hatte, kam mir als Anlass gelegen, die Völklinger Hütte war mir als geplanter Fotohintergrund gleich auch Grund für einen Besuch des Weltkulturerbes (sehr lohnend!). Ich freundete mich mit dem C5 fahrerisch schnell an, auch wenn ich die gewünschte Version 2.2 HDi mit Sechsganggetriebe nicht bekommen hatte. Sie ahnen es vielleicht: Automatikgetriebe sind nicht mein Fall. Die Schaltbox des C5 mit vier Stufen verfügt aber immerhin über die mir auf jedem Meter sinnvoller erscheinende Stellung „Sport", in welcher die Gänge erst bei höheren Drehzahlen schalten, das Auto mehr „am Gas" hängen lassen. Zum anderen gibt es die Möglichkeit, die vier Schaltstufen manuell zu wählen, was ich zumindest im Stadtbetrieb gerne tat.

Zu meiner großen Überraschung empfand ich die Hydractive-Federung des C5 auf langezogenen Autobahnkurven mit ihren typischen Wellen und Huckeln als arg weich. Ich kenne die gesamte Strecke durch die Kasseler Berge mit meinem CX-Turbodiesel genau und weiß, in welche Kurven ich mit 180 sicher hinein (und heraus) fahren kann, so dass die stets

Der C5 Kombi fällt runder und flächiger aus

drängelnden Audis auf einmal alle verschwunden sind. Nun wurde ich aus Sicherheitsgründen auf einmal selbst „langsamer"; Ich merkte, wie im C 5 das Kurven-Fahren ab 150 km/h unpräziser, schwammiger wurde. Ich probierte die Sportstellung des Fahrwerks aus und schlagartig wurde alles besser. Den Rest der Strecke fuhr ich den C 5 komplett auf Stellung „Sport", was erfreulicherweise den Wagen bei schlechtem Untergrund und langsamer Gangart keinesfalls untauglich hart macht.

Als zweites Manko vermisste ich auf den ersten 400 Kilometern die Präzision meiner geliebten Diravi-Lenkung im CX. Die nicht mehr hydraulisch betätigte Servolenkung des C 5 erinnerte mich an die Volvos, die ich früher gefahren hatte: Zwar schön leichtgängig und gefühlvoll beim Einparken, doch bei hohem Tempo zu leicht, und gerne mal unpräzise. Das satte „Kleben auf der Straße", sprichwörtlich seit Traction-Zeiten, gehört für mich untrennbar zu den großen Citroën. Und der C 5 konnte mir durch Federung, Dämpfung und Geländetauglichkeit zwar Citroën-Feeling bieten, in der Lenkpräzision fehlte mir aber etwas daran. Allerdings machten die toll standfesten Bremsen, deren konventionelle Betätigung mit einem subjektiv langen Pedalweg (ich bin die wenigen Millimeter Bremspedalweg der Ventile von DS, ID, SM und CX gewohnt), das Fahren im C 5 wieder sehr sicher. Einmal rettete der C 5 sogar mein Leben bzw. das seiner Karosserie. Bei Dunkelheit kam mir nämlich ein plötzlich seitwärts ausscherender Wagen derart nah, dass ich in einer Ausweichbewegung mit den äußeren Rädern den Grünstreifen bei hohem Tempo befahren musste und mich bereits an der Leitplanke entlangschieben sah. Im selben Moment setzte, obwohl ich beide Hände am Lenkrad hatte und eisern meine Spur hielt, der C 5 automatisch mit einem kräftigen Hupkonzert ein, welches tatsächlich erst den träumenden Nebenmann zum Einlenken brachte, so dass ich aus meinem „Engpass" wieder auf die Fahrbahn lenken konnte. Brav gemacht, lieber C 5, auch wenn ich nicht benennen kann, welche deiner vielen Automatik-Funktionen da eigentlich einsetzte. Denn den AFIL, den „Alarm bei Fahrbahnabweichung per Infrarot-Linienerkennung" stellte Citroën erst drei Monate später im neuen C 4 vor.

Insgesamt gab es nur zwei Wermutstropfen für mich beim Fahren des C 5: Die schon beschriebene, mir etwas zu weiche Lenkung und die Kraft des Motors am Berg. Tatsächlich bin ich es durch meinen Turbodiesel 2 im CX gewohnt, auf langen Steigungen noch bis 180 km/h und mehr bergauf zu beschleunigen und dabei stets auch die Audi TDi, welche einem bergab und in der Ebene regelmäßig am Rückfenster kleben, zu deklassieren. Hier erschien mir der getestete 2.2 HDi-Motor im C 5 etwas zu schwach, denn ich kenne im Hunsrück eine besonders gut geeignete Teststeigung, auf der ich den passend „zurechtgelegten" Vertreter-Passat TDi Kombi (natürlich wie immer in Schwarz) mit 170 km/h bergauf nicht überholen konnte. Allerdings bin ich mir sicher, dass die Kraft des Common-Rail-Diesel mit dem Sechsganggetriebe wirkungsvoller umgesetzt worden wäre, denn von der „Papierform" her übertrifft der 2.2 HDi mit 314 Nm bei 2000 Umdrehungen meinen CX TD 2 mit maximal 258 Nm bei der gleichen Drehzahl durchaus. Und mein CX wäre an jenem Passat bergan

vorbeigezogen, das wusste ich. Freilich hätte ich nicht, wie später mit dem C5, bergab dann Tacho 205 mithalten können – doch die Tour de France wird ja meist auch bergauf entschieden! Mit Sechsgang hat der C5 laut Datenblatt übrigens auch exakt die gleiche Beschleunigung wie mein CX (11,9 s), mit Automatik-Getriebe ist er etwas langsamer auf 100. Übrigens kam mir auch der Verbrauch sehr bekannt vor: Auf dem sehr schnell gefahrenen Hinweg 8,97 Liter im Schnitt und auf dem verhaltenen Rückweg 7,3 Liter entsprach etwa den mit 7,5 bis 9 typischen Werten meines CX, je nach Reise-Tempo.
Unter der Prämisse, ich hätte 29.580 EUR übrig und würde die persönlichen Abstriche (Elektronik, Automatismen) in Kauf nehmen, welche mir ein modernes Auto aufnötigt, dann wäre der C5 2.2 HDi Kombi genau mein Wagen. Natürlich ausschließlich mit 6-Gang-Getriebe. Wie bei meinem CX würde ich wahrscheinlich bald darauf in langen Sitzungen mit einem Elektriker versuchen, den einen oder anderen Automatismus stillzulegen. Das Programm im „Menu" zum Ausschalten einiger Funktionen hatte ich übrigens per Bedienungsanleitung gesucht und gefunden. Bei längerer Benutzung würde ich mir selbige noch genauer durchlesen!
„Ade C5, bist brav gefahren, hast zweimal Großes geleistet und mich einmal gerettet. Du bist nach wie vor ein Citroën – und das sagt fast alles! Nun steige ich wieder in meinen kommenden Klassiker um, dessen Ladeluftkühler sich schon voller Freude mit Luft vollpumpt, die mich es an der nächsten Steigung wieder allen mit dem CX zeigen lassen werden. Da ich darin perfekt schlafen kann, aber auch ganze Werkstatt-Umzüge wie ein LKW befördern, bleibt mir mein Wagen mit dem Radstand von über 3 Metern unersetzlich. Vielleicht komme ich später einmal wieder auf dich zurück, wenn alle anderen Autos noch weniger Citroën und noch mehr Computer-Spielzeuge geworden sind!"
Wie zur Bestätigung klappte übrigens der rechte Außenspiegel des C5 beim Abstellen auf dem Hof der Citroën Commerce Hannover dieses Mal nicht ein. Ich hatte den Eindruck, der C5 Kombi wolle mir ein letztes Mal zuzwinkern. „Hast ja Recht, liebst halt alte Citroën. Hast dich trotzdem eingehend mit mir beschäftigt, danke!"

„Der C5 ist ein ideales Reisegfährt, das erfuhr ich auf mehreren Frankreich-Touren." (H. Schrader)

Die Autoren

Ulrich Knaack
Geboren 1957 im Hunsrück, aufgewachsen bei Hannover. Nach dem altsprachlichen Abitur folgte für Knaack völlig logisch die KFZ-Lehre, anschließend ein Gesellenjahr. Nach beruflichen Umwegen im Transportgewerbe 1980 Rückkehr zur akademischen Laufbahn (Studium Geschichte/ Psychologie). Der durch die Lebensgefährtin nahegelegte Kauf des ersten DS Break im gleichen Jahr erwies sich als folgenreich. Seither immer intensivere Beschäftigung mit Modell und Marke, auch auf Club- und Verbands-Ebene. 1992 Museumskurator für Straßenverkehr am Deutschen Technikmuseum Berlin, neben internationalen Ausstellungen damals erste Buch-Publikationen. Seit 1995 Verlags-Lektor für Technikgeschichte, 1999 bis 2000 Museumsassistent, seit 2001 selbständig als Autor, Redakteur, Gestalter und Verleger. Ulrich Knaack lebt physisch derzeit in Braunschweig, mit dem Herzen seit dem vierten Lebensjahr in Frankreich.

Albert Landreich
Geboren 1934 in Landsberg an der Warthe, zeitgleich mit dem Traction Avant, was stets zitiert wird. Er lebte in den letzten drei Jahrzehnten von diversen Jobs in der Textilindustrie, nachdem er die familiäre Spinnerei Anfang der 1970er Jahre veräußert hatte. Landreich ist passionierter Automobilist im Nebenberuf und veröffentlichte unter verschiedenen Pseudonymen zahlreiche Kurzgeschichten. Der passionierte Atlantik-Liebhaber legt Wert auf den Umstand, als nomadisierender Wohnmobiltourist en permanence heute keine feste Adresse mehr zu besitzen.

Ingo Meier
In Düren 1963 hineingeboren in eine VW fahrende Familie. Die Liebe zum „hässlichen Entlein“ erwachte dennoch bereits im Vorschulalter. 1981 die erste Ente. In der Folge vermehrt Kontakt zu Menschen mit praktischen Fähigkeiten im Bereich KFZ. Ab 1984 Studium Germanistik/ Politik/ Anglistik mit großzügig dimensioniertem Zeitfenster. Nebenbei vergleichende kulturwissenschaftliche Studien auf deutschen und französischen Schrottplätzen. Verschiedene Anstellungen an der Hochschule, unter anderem im Bereich Öffentlichkeitsarbeit. Ab 1998 regelmäßige Veröffentlichungen in der Zeitschrift *Oldtimer-Markt*. 2003 zusammen mit Jan Eggermann Veröffentlichung der CD-ROM *Voilà Monpti* zur Geschichte der deutschen 2CV-Werbung. Zeitgleich die ernüchternde Erkenntnis, dass die Wortkreation „Korabi“ des damals vierjährigen Sohnes bei genauem Hinhören dem kindlichen Wunsch nach einem Ferrari Ausdruck verleiht ...
Ingo Meier lebt als Autor und freier Journalist in Aachen.

Frank Plate
Geboren 1958 in Frankfurt, lebt Plate nach mehrjährigem Aufenthalt in München weiterhin in der Stadt am Main. Er machte zuerst sein Hobby Fotografie zum Beruf, dann sein Interesse am Webdesign zur Berufung und heutigen Hauptbeschäftigung. Immerhin war er schlau genug, seine fahrerische und schrauberische Leidenschaft namens Kastenente (nicht einfach 2 CV!) nicht ebenfalls kommerziell nutzen zu wollen. Da Frank Plate nicht nur der französischen Automobilkultur sondern allgemein der gallischen Lebensart sehr zugeneigt ist, findet er immer wieder eine Straße, die ihn zielsicher in das Land des Rotweins und der Baguettes führt.

Halwart Schrader
Geboren 1935 in Braunschweig, aufgewachsen in Berlin, lebte Schrader bis 1988 in München und siedelte dann in die Lüneburger Heide um. Schrader zählt mit 80 unter seinem Namen veröffentlichten und mehr als 200 übersetzten, herausgegebenen oder in anderer Hinsicht verlegerisch betreuten Büchern zu den umtriebigsten Solo-Publizisten im Bereich deutschsprachiger Automobil-Bücher. Wie Schrader zur ersten Citroën-Liebe kam (einem 5 CV Trèfle) und was später daraus wurde (Gauloises-Citroën-Tour), entnehmen Sie diesem Jahrbuch. Schrader war jedenfalls dem Land Frankreich schon immer sehr verbunden und genießt daher seit 2004 sein Zweitdomizil in der Normandie um so mehr.

Bildquellen

Citroën Deutschland	38, 42, 43ro, 52u, 53, 56, 57, 58, 59, 63, 82, 83, 99, 100, 101
Citroën France	30, 34, 43lu, 93, 94, 95, 96, 97, 103, 109, 119, 127
Citroën Nederland	46, 47, 49
Jürgen Czajkowski	33
Archiv FGV	1, 6, 7, 13, 14, 15, 16lo, 18u, 22, 23, 24, 25, 29, 41, 51, 52o, 54, 55, 60, 61, 70, 72, 73, 77, 79, 80, 81, 84, 85, 86, 87, 88, 89, 90, 91, 98, 104, 105, 118, 120, 121, 122, 125, 128
Familie Klein	15, 16ru, 17, 18o, 19o, 20, 21, 92
Archiv Meier	40, 44, 45
Frank Plate	64, 65, 66, 67, 68, 69, 110, 111, 112, 113, 114, 115, 116, 117
Archiv Schrader	8, 10, 11, 12, 26, 37, 74, 75, 76, 106, 107

AA 4070
Gute Fahrt durchs Jahr mit Citroën!